修訂版

陳雲潮 編著

iLAB Analog

類比電路設計、模擬測試與硬體除錯

東華書局

國家圖書館出版品預行編目資料

iLAB Analog 類比電路設計、模擬測試與硬體除錯 / 陳雲潮編著. -- 1 版. -- 臺北市 : 臺灣東華, 2015.09

272 面 ; 17x23 公分.

ISBN 978-957-483-834-9 (平裝)

1. 電路 2. 設計

448.62   104016984

iLAB Analog 類比電路設計、模擬測試與硬體除錯 修訂版

編 著 者	陳雲潮
發 行 人	陳錦煌
出 版 者	臺灣東華書局股份有限公司
地　　址	臺北市重慶南路一段一四七號三樓
電　　話	(02) 2311-4027
傳　　眞	(02) 2311-6615
劃撥帳號	00064813
網　　址	www.tunghua.com.tw
讀者服務	service@tunghua.com.tw
門　　市	臺北市重慶南路一段一四七號一樓
電　　話	(02) 2371-9320

2025 24 23 22 21 JF 6 5 4 3 2

ISBN   978-957-483-834-9

版權所有 ‧ 翻印必究

推薦序

校友陳雲潮先生,早年畢業於臺北工專電機科,並曾擔任電子科助教、講師、副教授兼電子科主任等職多年,1972 年赴美後,於 General Instruments、Texas Instruments 及 IBM 等公司擔任資深工程師共三十餘年。退休後受聘於金門大學擔任講座教授五年,回臺北後復於母校電子工程系兼課。

陳老師深感學生在校實作時數不足,以致畢業後無法配合工業界之需求,2012 年自美國引進 Digilent 公司新推出的 Analog Discovery Module,價格較低、學生足以負擔,也可以讓學生把電子實驗帶回家做。我回憶起以前當學生的時候因為示波器過於昂貴,只有在實驗室才有機會學習示波器的操作,所以在電子電路量測及設計實作技能上的學習有限。如果學生能擁有這樣一個可以負擔得起的設備,相信必能在家裡配合自己的電腦,不受空間及在校實作時數不足的限制,大幅強化電子電路量測及設計的實作技能。因此,我拜託陳教授將這個綜合電子測試裝置的實作學習納入本校電子工程系實驗課程。課程一開始由陳老師教授,陳老師非常愛護本校教師與學生,關心學生實作技能的培養,並且樂意將教學內容傳承給其他老師,使本課程得以繼續開設。

為了配合這個 Module,陳老師非常用心,重新編寫實驗講義,將 C/C++Programing、模擬測試、硬體組裝和除錯集合在一起,稱之為 iLAB。先後完成了 iLAB-Analog 和 iLAB-Digital 二書,由東華書局出版試用版,經試教後始完成修正本。

　　陳老師以 82 歲之高齡仍不忘將畢生所學薪火相傳,如今本書正式出版,將使此一領域的學生在實作技術的起跑點上,獲得一大躍進,謹以此序向其表達感謝之意。

國立臺北科技大學校長

姚立德　　敬書

2015 年 2 月 3 日

推薦序

　　我任職於一元素科技公司多年，負責 Xilinx 大學計劃工作，期間見過不少優秀的老師，但陳雲潮老師卻是我見過印象最深刻的一位。2013 年四月初，我收到原廠德致倫先生的 Email 通知，請代理商盡速聯繫並協助一位來自台灣教授所提出的需求，這封郵件就是來自我母校臺北科技大學。民國 87 年，我畢業於臺北科技大學電子系，工作幾年後，再度回到母校修讀碩士，由於多年與學校的感情，自然非常關心這封郵件。

　　記得第一次和陳老師見面，一位個子瘦瘦小小、年歲非常高的教授，面帶笑容十分的親和。經過幾次見面並討論，對老師有更進一步的認識。

　　老師於 2000 年自美國紐約州 IBM 公司退休後，於 2005 年回臺灣。先在金門技術學院擔任了五年的講座教授。三年前回母校電子系兼任教授。在旅美數十年的工程師生涯中，從未中斷在大學裡兼任授課。隨時在準備自己，總憧憬著有朝一日能回到自己的國家，為後輩學子盡份棉薄之力。二年前暑假去美國，注意到美國大學開始採用 Analog Discovery，現在在校園裡已非常普遍，而且很是受到歡迎，有關科系的學生幾乎人手一機的地步。有鑑於此，老師自己買了一個在家裡實地操作，發覺它非常實用，假如能普及和推廣，簡直就是革命性的改變以往實習課程僅限於固定的時數和實驗室空間的傳統觀念，只要把 Analog Discovery 帶回家就能操作，甚至在咖啡廳也能輕鬆完成。於是他決定寫一本能輔助實作的書。為了趕寫這本書，課本中所有的實驗，都是老師親自設計，並且走到光華商場買零件，一個一個實做完成。為了與時間賽跑，真可說是日以繼夜，一頁頁的往下寫。先印試教本，等一學期教授完畢，依據同學吸收的結果，再修改成永久版。老師為了讓同學們能輕鬆的購買到書本，以台幣一元的金額，將書的版權賣給出版商，可謂是用心良苦啊！

　　在校長大力的支持之下，老師找到了一元素，希望能給予學校和學生最優惠實驗工具的價格，共同來幫助老師圓夢。所以在這本書的背後，隱藏著無數的付出、努力和用心，各位讀者以及正在使用這本書的學生們，希望這本書除了增長你們的知識外，也讓你們瞭解到何謂真正的"教育家"。

黃裕鈞

前言

這本實作講義，是針對同學在校實作，因時數不足，無法領會到類比電路在設計、建構、和除錯等應有技能，進而影響到日後就業及面試上的困難。

作者早年畢業於臺北工專，曾任教於母校十年。去國後先後任職於美國的 General Instruments、Texas Instruments 及 IBM 共 30 年。2005 年退休回國後，曾在金門技術學院，擔任講座教授共 5 年，瞭解國內的教學及就業環境。

2012 年，美國 Digilent Inc. 推出 Analog Discovery Module，它是一個 Software Defined Instruments，在軟體和 PC 的配合下，可以完成二部 Arbitrary Waveform Generators、二部浮動式輸入的示波器、16 個 Channels 的 Triggered Digital Analyzer 和 Pattern Generator、另外還有一個 Network Analyzer、一個 Spectrum Analyzer 和二個一正一負 5 V / 50 mA 的電源。自此 Module 上市以來，由於它的實用性質，加上對在校學生的優惠價，已被美國多所大學普遍採用。同時也引起了本人的注意。

基於這個 Module，我寫了一份報告及計劃，給北科大的姚校長，感謝他的贊同和大力支助，除了撥款購買 40 個 Modules，以供新學期一個實驗班的 40 位學生使用之外，更提供多名工讀生來協助加速實作原型板的製作，讓這本講義能提早付印。

　　實作講義須借助於教師重點的引導。除了授課時間之外，完成課外實作部分，約需要 8~12 小時。這個實作課程，除了每週須繳驗類似工程師筆記之外，同時還有期中及期末考試，藉以反映同學對課程瞭解和吸收的程度。

　　實作講義取名為 iLAB 的原因，是對於每一件實作，應聚合一切可能獲得的工具，在最短的時間內，來幫助完成實作。譬如 C/C++ Program 幫助或加速計算、Simulator 能幫助瞭解電路的運作特性、Analog Discovery Module 能幫助硬體的測試和除錯，並提供實作所需的各項訊號，對比並驗證 Simulator 的預測。這種聚合 (Integrated) 各種軟體和硬體的實作，最簡單的名稱就是 iLAB 了。

　　組成 iLAB-Analog 共 12 章。每章都包括了簡單的介紹，或計算。還有 LTspice 模擬測試，最後才是實作。同學們將會在這門課裡，領悟到模擬測試與硬體實作，在哪些地方有差別，和差別的程度。每章內的範例、實作重點提示、參考資料、和最新的修正等，都登錄在網路上，以便下載。

北科大電子系

陳雲潮

目次

推薦序 iii

推薦序 v

前言 vii

目次 ix

第一章　射極接地放大器

　　◎ 1-1　射極接地放大器直流偏壓的設計 1

　　◎ 1-2　射極接地放大器的 C/C++ 程式 3

　　◎ 1-3　射極接地放大器的模擬測試 4

　　◎ 1-4　電路的硬體裝置與測試 12

　　◎ 1-5　射極接地放大器的增益和射極內阻 re' 16

　　◎ 1-6　課外練習 19

第二章　集極接地放大器

　　◎ 2-1　集極接地放大器直流偏壓的設計 21

　　◎ 2-2　集極接地放大器的 C/C++ 程式 22

　　◎ 2-3　集極接地放大器的模擬測試 23

　　◎ 2-4　電路的硬體裝置與測試 30

　　◎ 2-5　課外練習 35

第三章　基極接地放大器

- 3-1　基極接地放大器直流偏壓的設計 …………………………… 37
- 3-2　基極接地放大器的模擬測試 ………………………………… 38
- 3-3　電路的硬體裝置與測試 ……………………………………… 41
- 3-4　課外練習 ……………………………………………………… 47

第四章　放大器的串連和輸入輸出電阻的測量

- 4-1　放大器輸入輸出電阻的測量 ………………………………… 49
- 4-2　LTspice 對射極接地放大器輸入和輸出電阻的測量 ……… 50
- 4-3　LTspice 對集極接地放大器輸入和輸出電阻的測量 ……… 52
- 4-4　LTspice 對基極接地放大器輸入和輸出電阻的測量 ……… 54
- 4-5　寬頻運作下的電路輸入與輸出阻抗的測試 ………………… 56
- 4-6　二級電晶體放大器串連的設計 ……………………………… 59
- 4-7　二級電晶體放大器成對互補串連的設計 …………………… 62
- 4-8　使用 V_{be} 補償的電晶體電功率放大器的設計 ……………… 63
- 4-9　使用集極互補交連的電晶體電功率放大器的設計 ………… 64
- 4-10　使用射極接地和集極互補交連的電晶體電功率放大器 …… 65
- 4-11　電路的硬體裝置與測試 ……………………………………… 65
- 4-12　課外練習 ……………………………………………………… 70

第五章　差動型放大器和電流源

- 5-1　簡單的電流源電路 …………………………………………… 71
- 5-2　完整的差動型放大路電路 …………………………………… 73
- 5-3　差動型放大器電路的模擬測試 ……………………………… 75
- 5-4　電路的硬體裝置與測試 ……………………………………… 79

第六章　運算放大器

- 5-5　課外練習 84
- 6-1　TL081 運算放大器 86
- 6-2　TL081 運算放大器的基本功能 88
- 6-3　TL081 運算放大器的應用 90
- 6-4　電路的硬體裝置與測試 94
- 6-5　課外練習 99

第七章　音頻振盪器

- 7-1　180° 音頻頻率相移器 101
- 7-2　TL081 運算放大器的正回授相移式振盪器 103
- 7-3　Wien Bridge 相移器 104
- 7-4　TL081 運算放大器 0° 相移的正回授 Wien Bridge 振盪器 106
- 7-5　正交振盪器電路 107
- 7-6　電路的硬體裝置與測試 109
- 7-7　課外練習 113

第八章　主動式濾波器

- 8-1　低通濾波器 115
- 8-2　二階低通濾波器 116
- 8-3　一階高通濾波器 117
- 8-4　二階高通濾波器 118
- 8-5　多個回授的頻通濾波器 119
- 8-6　頻拒濾波器 120

	8-7	電路的硬體裝置與測試	121
	8-8	課外練習	124

第九章　高頻、中頻、頻率的產生和混合器

	9-1	高頻共振電路	125
	9-2	Hartly 高頻振盪器電路	126
	9-3	Colpits 高頻振盪器電路	128
	9-4	頻率混合器	129
	9-5	頻率混合器的應用	131
	9-6	電路的硬體裝置與測試	133
	9-7	課外練習	137

第十章　類比與數位的轉換與交連

	10-1	電阻組成的 R2R 階梯式 D to A 轉換器	139
	10-2	DAC0808 積體電路 D to A 轉換器	142
	10-3	ADC0804 積體電路 A to D 轉換器	144
	10-4	轉換器 ADC0804 和 DAC0808 的界面交連	146
	10-5	電路的硬體裝置與測試	147
	10-6	課外練習	153

第十一章　頻率鎖相電路 PLL

	11-1	相位檢測器	155
	11-2	低通濾波器	156
	11-3	放大器、和電壓控制振盪器 V_{co}	156
	11-4	LM565 積體電路 PLL	156

- 11-5 LM565 積體電路 PLL 構成的調頻 (FM) 檢波器 158
- 11-6 LM565 積體電路 PLL 構成的倍頻器 160
- 11-7 電路的硬體裝置與測試 160
- 11-8 課外練習 163

第十二章　傳感器與執行器

- 12-1 傳感器 165
- 12-2 執行器 174
- 12-3 課外練習 179

附錄

- 附錄 A 電路在麵包板上的佈置 181
- 附錄 B LTspice 頻輸入和輸出阻抗的測量 183
- 附錄 C Simulation with Model not in LTspice Library 189
- 附錄 D Subckt 的產生和應用 193
- 附錄 E 數位訊號產生器和數位分析儀的設定 196
- 附錄 F LM565 PLL 的設定 204
- 附錄 G AD1 和 AD2 用於類比電路的測試 207

索引

中英對照 221

英中對照 223

第一章　射極接地放大器

BJT 電晶體有三個極，分別為基極、射極、和集極。放大器基本上也就有三種，基極接地放大器、射極接地放大器、和集極接地放大器。其中用途最廣，被使用得最多，就是射極接地放大器。本章將從它的偏壓設計和電路軟體 **LTSpice** 分析入手。在全面瞭解之後，硬體實作使用 **Analog Discovery** 來測試以證實設計可用性。

1-1　射極接地放大器直流偏壓的設計

如圖 1-1 所示的射極接地放大器，它是由一只 NPN 電晶體，和四只電阻所組成。如果已知電晶體的 β，直流電壓 V_{cc}，和 I_e 的數值。四只電阻的阻值，可以由下面的經驗法則計算出來[註1]。

假設 $\beta = 300$, $V_{cc} = 10$ V, $I_e = 2$ mA

$$V_b = \frac{1}{3} \times V_{cc} = 3.33 \text{ V}$$

$$V_b = \frac{R_{b2}}{R_{b1} + R_{b2}} \times V_{cc}$$

$$3.33 \text{ V} = \frac{R_{b2}}{R_{b1} + R_{b2}} \times 10 \tag{1}$$

註1　[Analog Device WiKi] Chapter 9 Single Transistor Amplifier Stages.

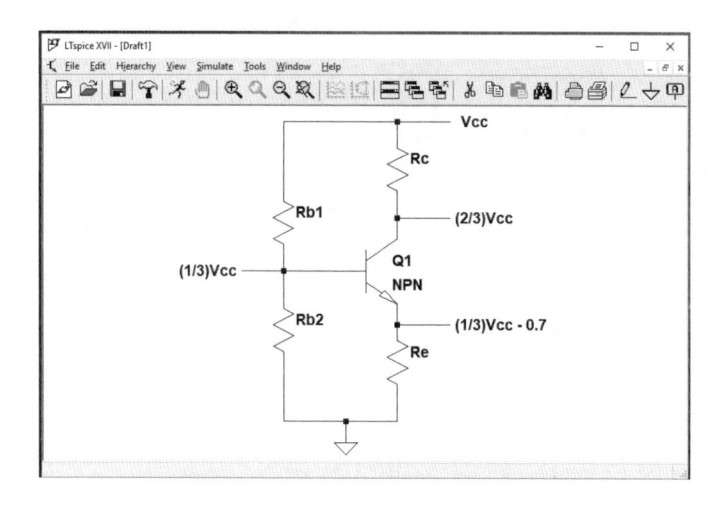

2　iLAB Analog 類比電路設計、模擬測試與硬體除錯

◎ 圖 1-1 ◎　　　射極接地放大器

$$\frac{V_{cc}}{R_{b1}+R_{b2}} = 0.1 \times I_e$$

$$\frac{10}{R_{b1}+R_{b2}} = 200\ \mu\text{A} \qquad (2)$$

求解方程式 (1) 和 (2) 得：

$$R_{b1} = 2R_{b2}$$

從而由 (2)：
$$3R_{b2} = \frac{10}{200\ \mu\text{A}} = 50\ \text{k}\Omega$$

因此，　　　$R_{b2} = 16.6\ \text{k}\Omega$ 和 $R_{b1} = 33.3\ \text{k}\Omega$

因為　　　$V_e = V_b - V_{be} = 3.33 - 0.7 = 2.63\ \text{V}$；

而且　　　$I_e = 2\ \text{mA}$；

所以　　　$R_e = \dfrac{V_e}{I_e} = \dfrac{2.63}{2\ \text{mA}} = 1.315\ \text{k}\Omega$

又 $I_c = \left(\dfrac{\beta}{\beta+1}\right) \times I_e = \dfrac{300}{301} \times 2 \text{ mA} = 1.99 \text{ mA}$ ；

從假設而得 $V_c = \dfrac{2}{3} \times 10 \text{ V} = 6.66 \text{ V}$

而 $R_c = \dfrac{V_{cc} - V_c}{I_c} = \dfrac{10 - 6.66}{1.99 \text{ mA}} = 1.673 \text{ k}\Omega$

1-2 射極接地放大器的 C/C++ 程式 [註2]

方程式的假設和求解，轉而寫成如圖 1-2 的 C/C++ 程式，可以加速答案的獲得。使用圖 1-2 的電腦程式來代為計算，只要輸入 V_{cc}、I_e 和 β，立刻可以獲得 R_{b1}、R_{b2}、R_e 和 R_c 的電阻值。如圖 1-3 所示。

```
/* common emitter amplifier with emitter degeneration */
# include <iostream>
#include <cstdlib>
using namespace std;

int main (int argc, char *argv[])
{
    float Vcc, Ie, beta, Vb, Vce, Rb2, Rb1, Vbe, Ve, Re, Ic, Vc, RL;

    cout << "step 1: Please input the value of Vcc " << endl;
    cin >> Vcc;
    cout << "step 2: Please input the value of Ie" << endl;
    cin >> Ie;
    cout << "step 3: Please input the value of beta " << endl;
    cin >> beta;
        Vb = Vcc/3;
    cout << "the value of Vb is equal to : " << Vb << endl;
        Vce = Vcc/3;
    cout << "the value of Vce is equal to : " << Vce << endl;
        Rb2 = (Vcc/(0.1*Ie))/3;
    cout << "the value of Rb2 is equal to : " << Rb2 << endl;
        Rb1 = 2*Rb2;
    cout << "the value of Rb1 is equal to : " << Rb1<< endl;
        Vbe = 0.7;   Ve = Vb - Vbe;   Re = Ve/Ie;
    cout << "Re equal to : " << Re << endl;
        Ic = (beta/(beta+1))*Ie;  Vc = 2*Vcc/3;  RL = (Vcc-Vc)/Ic;
    cout << "RL equal to : " << RL << endl;
    system("pause");
    return 0;
}
```

圖 1-2 射極接地放大器的 C/C++ 程式

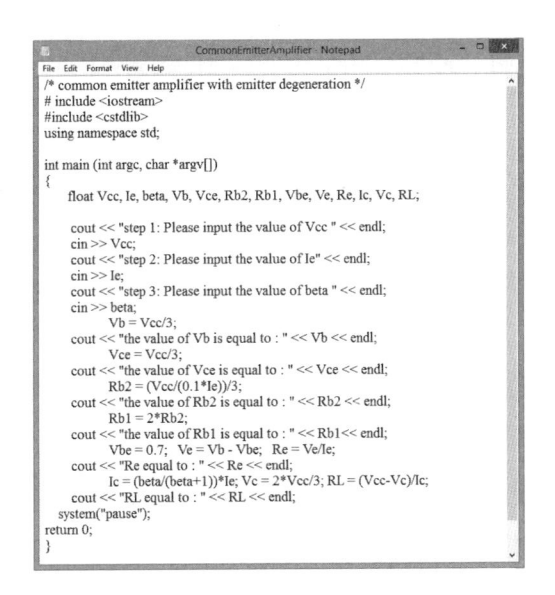

[註2] Download Dev-C++ www.math.ncu.edu.tw/~jovice/c++/boards/devcpp.htm

```
F:\CommonEmitterAmplifier\CommonEmitterAmplifierEmi
step 1: Please input the value of Vcc.
10
step 2: Please input the value of Ie.
2e-3
step 3: Please input the value of beta.
300
the value of Vb is equal to : 3.33333
the value of Vce is equal to : 3.33333
the value of Rb2 is equal to : 16666.7
the value of Rb1 is equal to : 33333.3
Re equal to : 1316.67
RL equal to : 1672.22
請按任意鍵繼續 . . .
```

圖 1-3　由電腦程式來代為計算偏壓所需之電阻值

1-3　射極接地放大器的模擬測試

　　模擬測試是實體製作前的必要步驟，它能提供電路各個接點上的電壓、和零件的電流值。瞬態分析的波形、和交流分析的頻率響應、放大器的失真率等等，使用的是 **LTspice Simulator**。[註3]

　　圖 1-4 的射極接地放大器電路圖，除了 2N3904 電晶體和 R_{b1}、R_{b2}、R_e、R_c 四只電阻之外，還另加了 C_1、C_2、C_3 和 R_1。C_1 連接到 2N3904 的射極和 V_3 直流電源間，間接地接地了，電路也因此成為射極接地放大器。C_2 連接到 2N3904 的基極和 V_2 正弦波產生器之間，以避免基極直流電壓受到正弦波產生器的干擾。C_3 和 R_1 形成低頻濾波器，除了保護 2N3904 集極電壓不受外界負載的影響，同時輸出放大後的訊號。至於使用二個直流電源 V_1、V_2，主要是為了配合 **Analog Discovery** +5V 和 −5V 直流電源的使用。

[註3] Download LTspice XVII www.linear.com/designtools/software/#LTspice

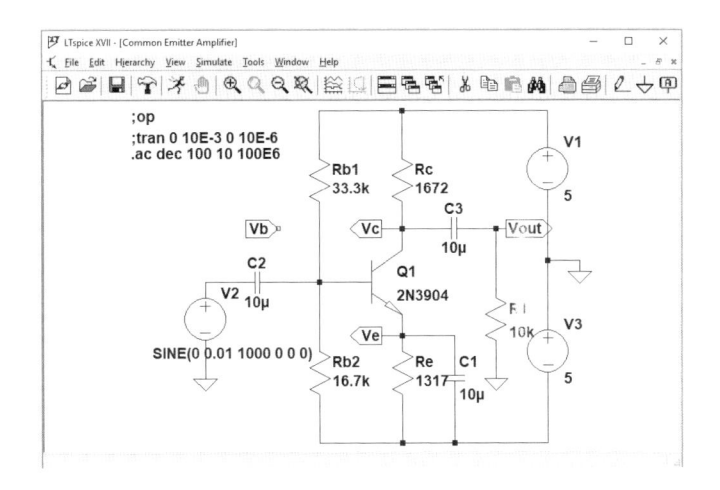

◌ 圖 1-4 ◌　　　LTspice Simulator 上的射極接地放大器電路圖

1-3.1　直流工作點測試

在 LTspice 電路圖視窗的工作欄，點擊 **Simulate >> Edit Simulation Command >> DC op pnt >> OK**。如圖 1-5 所示，便完成設定。

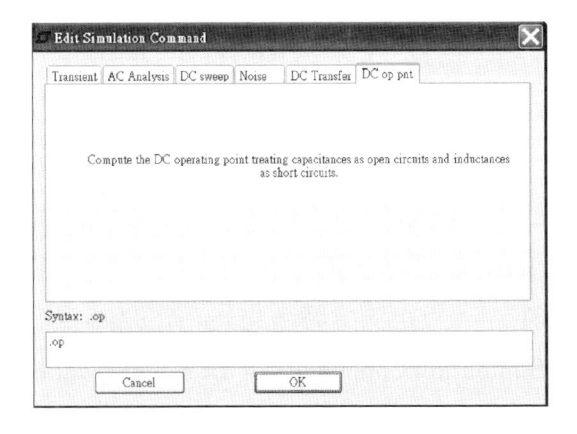

◌ 圖 1-5 ◌　　　直流工作點的設定

直流工作點測試 (DC Operating Point Test) 的設定完成後，就可以點擊 Simulate >> Edit Simulation Command >> Run 做測試的工作。結果可獲得如圖 1-6 的直流工作點的一覽表。

```
* F:\CommonEmitterAmplifier\AudioAmplifierEmitterNF2.asc
       --- Operating Point ---
V(vc):        1.68875         voltage
V(vb):        -1.71097        voltage
V(ve):        -2.38335        voltage
V(n001):      5               voltage
V(n003):      -5              voltage
V(n002):      0               voltage
V(vout):      1.68875e-013    voltage
Ic(Q1):       0.00198041      device_current
Ib(Q1):       6.41489e-006    device_current
Ie(Q1):       -0.00198683     device_current
I(C3):        -1.68875e-017   device_current
I(C2):        -1.71097e-017   device_current
I(C1):        2.61665e-017    device_current
I(R1):        1.68875e-017    device_current
I(Re):        0.00198683      device_current
I(Rc):        0.00198041      device_current
I(Rb2):       0.000196948     device_current
I(Rb1):       0.000203363     device_current
I(V3):        -0.00218377     device_current
I(V1):        -0.00218377     device_current
I(V2):        -1.71097e-017   device_current
```

圖 1-6　直流工作點一覽表

這個直流工作點一覽表，是將來硬體實作，除錯的基本依據。

1-3.2 瞬態

瞬態 (Transient)，也就是波形的分析。對於射極接地放大器，如果要放大的是 20~20 KHz 的音頻，圖 1-4 中，V_2 所加的正弦波，頻率為 1 KHz，電壓為 0.01 V。設定測試時，也是在電路圖視窗的工作欄，點擊 Simulate >> Edit Simulation Command >> Transient。如圖 1-7 所示。

第一章 射極接地放大器 7

◎ 圖 1-7 ⌒　　　瞬態的設定

　　圖中 **Stop Time** 指的是測試多久，因為所加正弦波的頻率為 1 KHz，它的週期是 **1E-3**，要觀測 10 個正弦波波形，應填寫為 **10E-3**。**Time to Start Saving Data**，填寫 0 為全部都要。**Maximum Timestep**，指的是在 **10E-3** 的波形展示中，不得低於 **10E-3/10E-6 = 1,000** 個點。這 3 個主要的項目填寫好了之後，再點擊 **OK**，在電路上指出 V_{out} 的接點，便可獲得如圖 1-8 所示的波形。

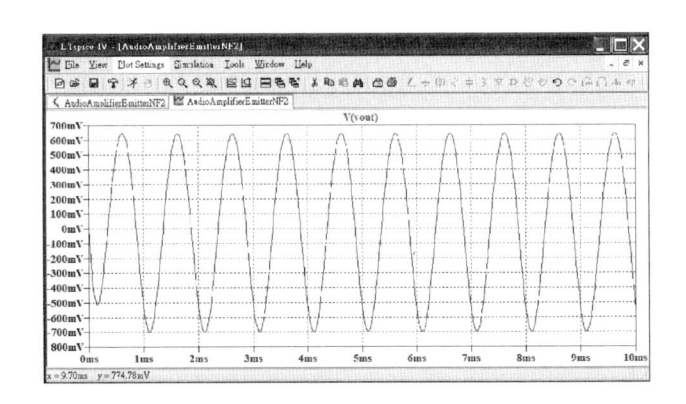

◎ 圖 1-8 ⌒　　　射極接地放大器，瞬態測試 V_{out} 的輸出波形

1-3.3 波形的分析 (FFT Analysis)

射極接地放大器的輸入為 1 KHz 的正弦波，它的輸出如圖 1-8 所示，判別這個波形有沒有失真？可以左擊圖 1-8 波形中的任何一點，再選用 **Veiw** >> **FFT**，如圖 1-9 所示。

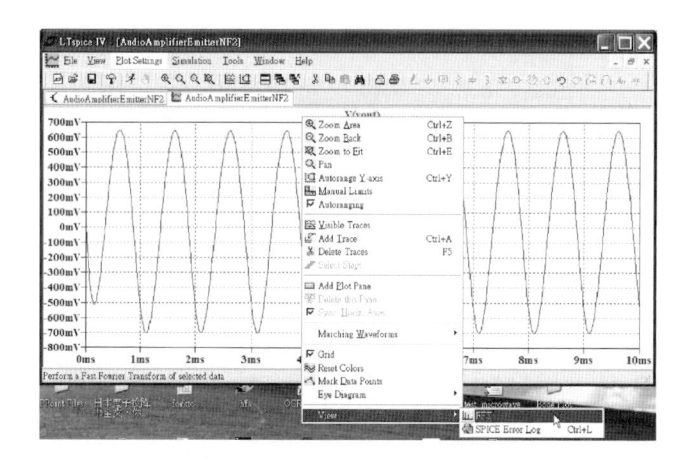

⌥ 圖 1-9 ⌥　　　　選用觀測射極接地放大器 FFT 之 1

當 Select Waveforms to include in FFT 視窗出現時，選用 V_{out}，如圖 1-10 所示。

再點擊圖 1-10 右上角的 **OK**，當顯示 V_{out} 的 **FFT** 圖形如圖 1-11 所示。

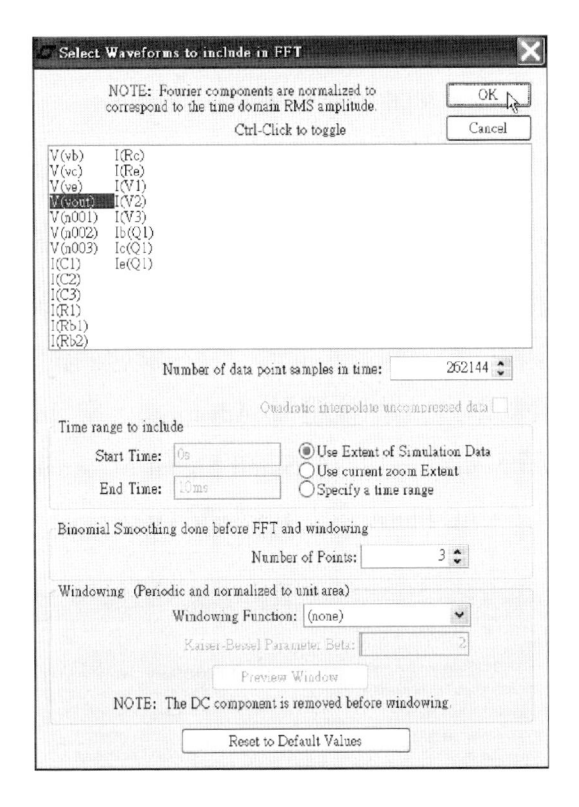

圖 1-10　　選用觀測射極接地放大器 FFT 之 2

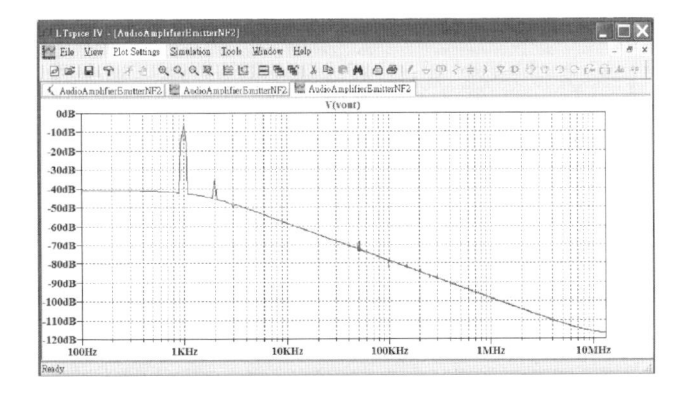

圖 1-11　　射極接地放大器 V_{out} 之 FFT 圖形

該圖形指出 V_{out} 除了含有 1 KHz 主要的放大訊號之外，還含有約 −35 dB 的 2 KHz 副波。副波是產生失真的原因。

1-3.4 交流分析

瞬態分析，係指電路只對單一頻率的波形變化測試。**交流分析** (AC Analysis)，則為電路測試一個大範圍頻率的響應，如 10 Hz~10 MHz。所以對 V_2 訊號產生器的設定也就不同於 V_2 在瞬態測試了。設定 V_2 作為交流分析，首先要點擊 V_2，然後選擇 **Advanced**，當 **Independent Voltage Source – V_2** 出現時，如圖 1-12 在 **Small Signal AC Analysis** (AC) 項目：**AC Amplitude** 填入 1，**AC Phase** 填入 0，點擊 **OK**。

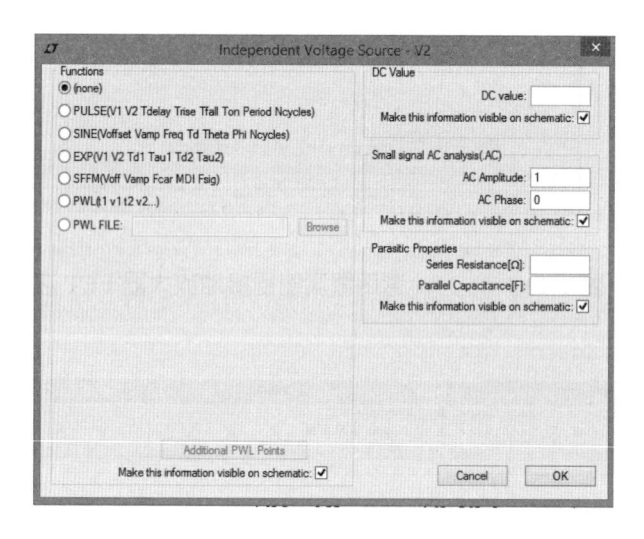

圖 1-12 小訊號交流分析時 V_2 的設定

設定交流分析測試，也是在電路圖視窗的工作欄，點擊 **Simulate >> Edit Simulation >> AC Analysis**。如圖 1-13 所示。

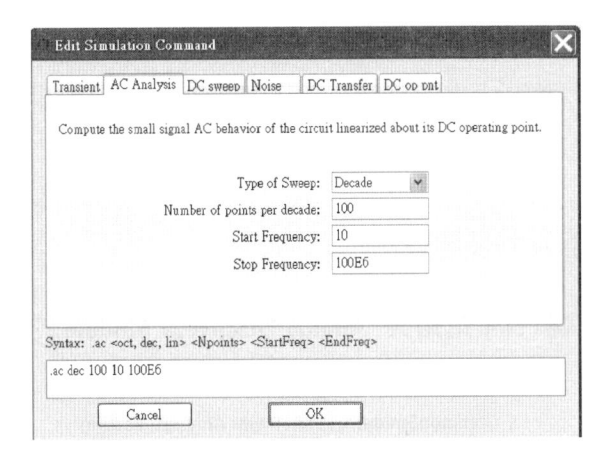

◎ 圖 1-13 ◎　　　小訊號交流分析的設定

　　交流分析指令一共有四個項目，它們是：掃描類型、單一類型的測試點數目、開始掃描的頻率、和停止掃描的頻率。這四個項目填寫好了之後，再點擊 **OK**，用紅色檢針在電路上指出 V_{out} 的接點，單擊，便可獲得如下圖 1-14 所示的圖形。

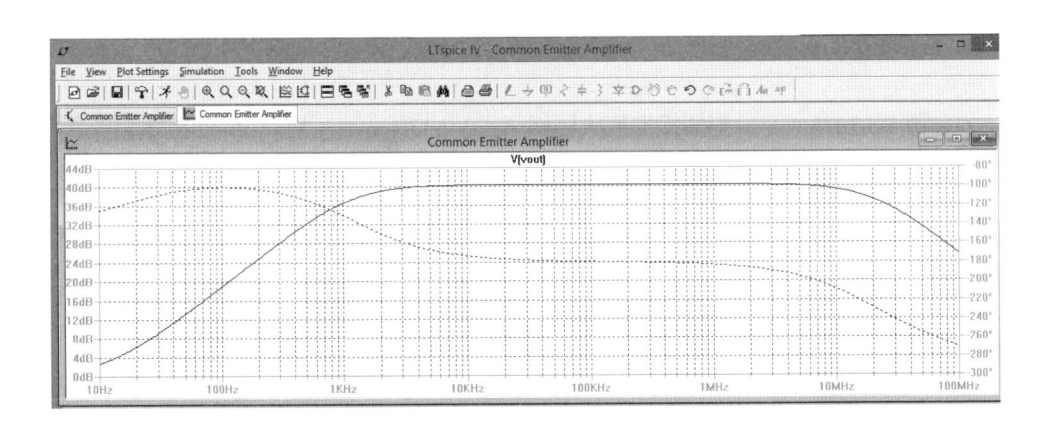

◎ 圖 1-14 ◎　　　射極接地放大器和交流分析測試 V_{out} 的輸出圖形

這個圖形的實線代表射極接地放大器 V_{out}/V_{in} 和掃描頻率間的信號強度比，單位是 dB。虛線代表射極接地放大器 V_{out}/V_{in} 和掃描頻率間的相位差別關係。

1-4　電路的硬體裝置與測試

圖 1-15 是 圖 1-4 電路與 **Analog Discovery Module** 的接線關係圖。

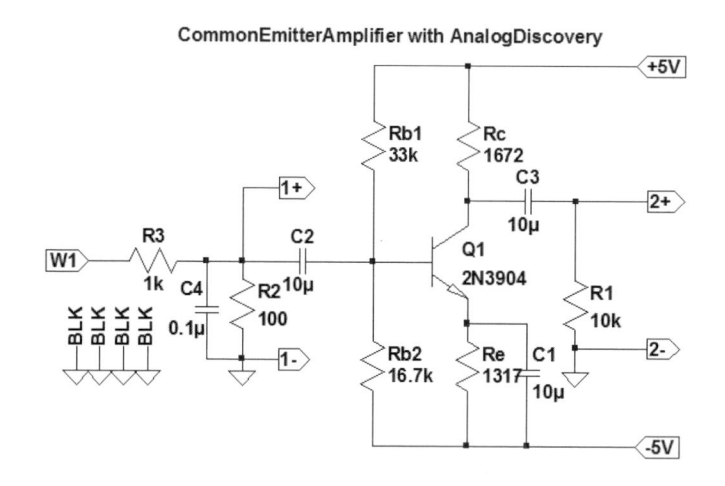

◦ 圖 1-15 ◦　　　射極接地放大器與 Analog Discovery Module 的接線關係

簡單的低頻電路，如果只為了學習，可以參考附錄 A，使用不需銲接的**麵包板** (Breadboard) 來完成，如圖 1-16 便是一個例子。頻率較高或比較複雜的電路，應當將電路裝配在接地良好且使用銲接的電路板上。

第一章　射極接地放大器　13

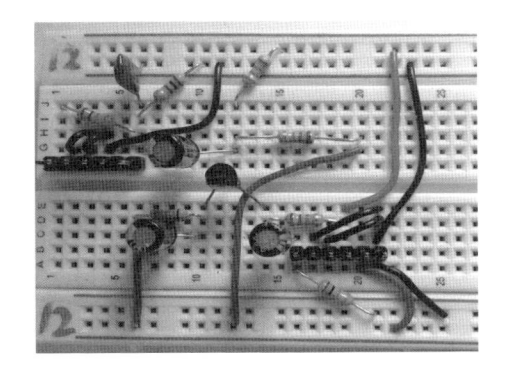

◦ 圖 1-16A ◦　　　裝置在使用麵包板上的射極接地放大器

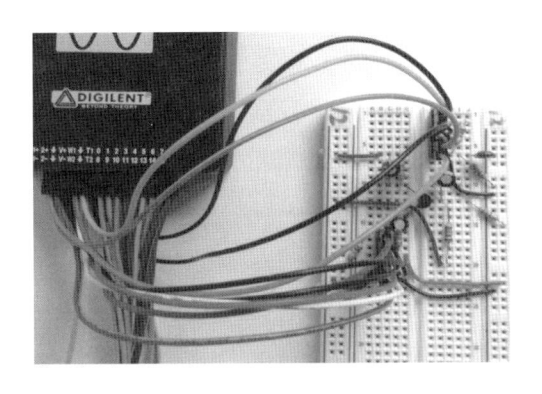

◦ 圖 1-16B ◦　　　Analog Discovery 與射極接地放大器的連線

　　圖 1-15 是 Analog Discovery Module 接線和射極接地放大器的關係。Analog Discovery Module，連同裝上了 Waveform 軟體的 PC，形成了多件由軟體操控的硬體儀器。點擊 Analog 部份的 Voltage，如圖 1-17 所示。這 2 個 5 V 電源，可以軟體控制 ON 或 OFF。

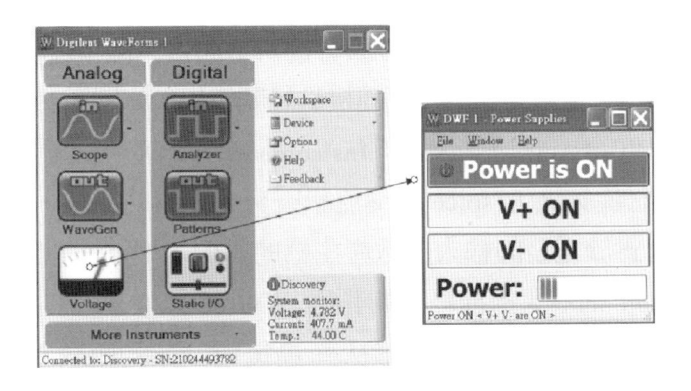

◦ 圖 1-17 ◦　　　Analog Discovery 的 2 個可 ON 或 OFF 的電源

　　射極接地放大器需要一個 1 KHz、50 mV、0 offset 電壓輸入訊號。然而圖 1-18 Analog Discovery 的 Amplitude 最低選項為 50 mV。所以圖

14　iLAB Analog　類比電路設計、模擬測試與硬體除錯

1-15 的前端，加接了一個由 R_2、R_3、和 C_4 組成的 10：1 衰減器。因此 Amplitude 可調高到 250 mV。點擊 **Analog** 部份的 **OUT**，由 Analog Discovery 中 2 個函數產生器中的 1 個來提供。如圖 1-18 所示。

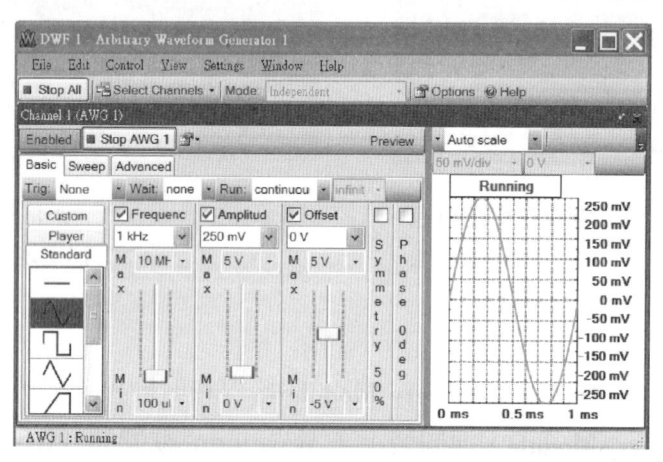

　　圖 1-18　　Analog Discovery 的 1 個函數產生器提供電路的輸入訊號

　　射極接地放大器的輸出波形，需要用一個有 2 個頻道的示波器來測量。點擊 **Analog** 部份的 **IN**，Analog Discovery 提供一個有 2 個頻道的示波器，其中一個連接到訊號輸入，另外一個連接到訊號輸出。如圖 1-19 所示。

　　Digilent Waveforms 的 **More Instruments** 中有一個稱謂 **Network Analyzer** 的，它能夠做 LTspice 的交流訊號分析同樣的測試，如圖 1-20 所示。設定欄是對於電路的輸入函數產生器的數值，如 **Start** 應填入開始掃描的頻率，**Stop** 則填入掃描終了的頻率。**Offset** 為 0 V。W_1 輸入到放大器為 250 mV。放大器經衰減又放大，最後與 W_1 的比約為 10X。將所有數據填好之後，單擊 **Single**，此時 W_1 和示波器等，全部顯示 **Busy**，讓網路分析儀單獨來操作。結果如圖 1-20 所示。

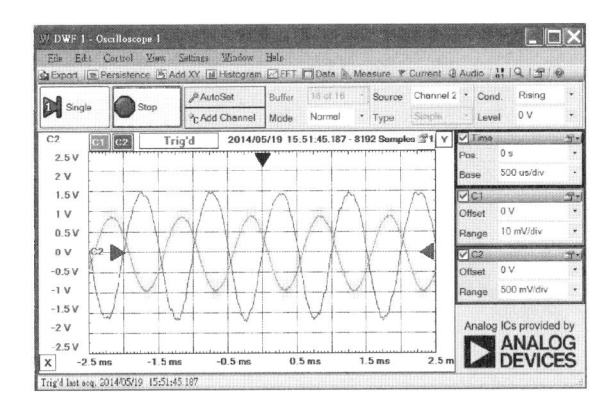

◎ 圖 1-19 ◎　　Analog Discovery 的示波器對電路輸入和輸出波形的測量

　　More Instruments 還有一個稱謂 Spectrum Analyzer 頻譜儀，它能夠做 LTspice 中的 FFT 分析工作，如圖 1-21 所示。它的 **Frequency Range** 因為輸入為 1 KHz，所以應選用 10 KHz to 24.42 Hz 這一檔。在 **Frequency** 項目中 **Center** 選用 2 KHz，**Span** 選用 4 KHz。**Level** 項目中 **Units** 選用 dB，0 dB Pk 選用 1 V，**Ref** 選用 20 dB，**Range** 選用 100 dB。從圖上可以看到輸出訊號 2 KHz 的副波要比圖 1-11 **LTspice FFT** 理想情況下所得到的副波要強得多了，也就是更加失真，設計需要修改才行。

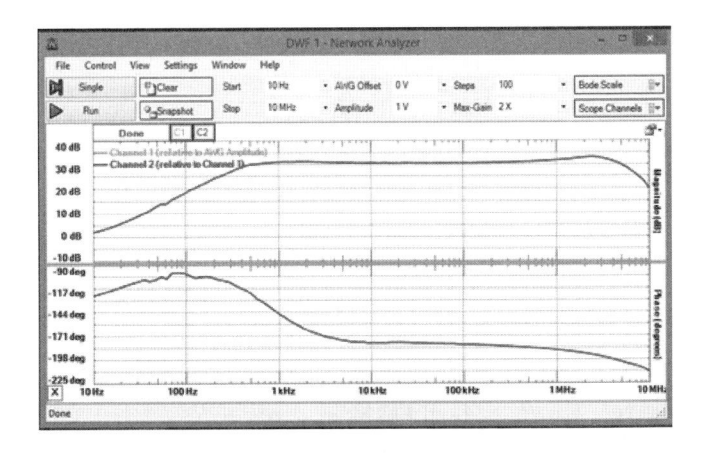

◎ 圖 1-20 ◎　　Analog Discovery 的網路分析相同於 LTspice 的 AC Analysis

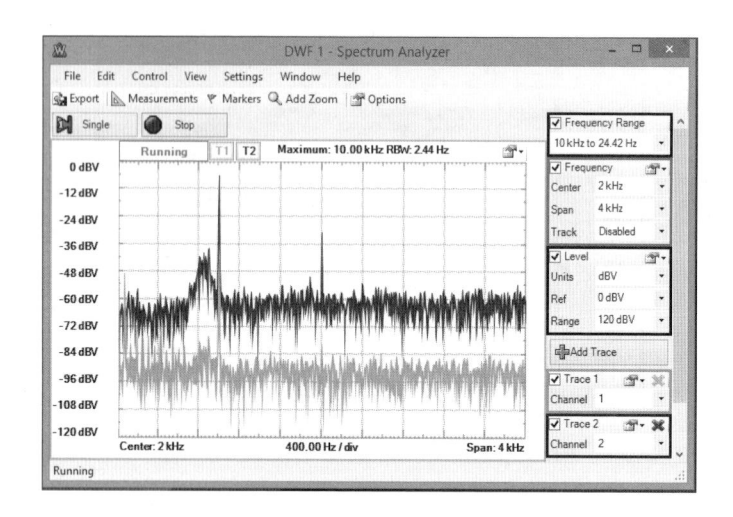

◉ 圖 1-21 ⌇⌇⌇ Analog Discovery 的頻譜儀 Spectrum Analyzer

1-5　射極接地放大器的增益和射極內阻 re'

圖 1-1 所示的射極接地放大器，當射極加接 C_1，10 μF 電容器到地之後，它的放大增益最大為：

$$A_v = \frac{V_{out}}{V_{in}} = -g_m R_L$$

其中：

$$g_m = \frac{I_C}{V_T}$$

查看圖 1-6 直流工作點一覽表：

$$I_c = 1.98 \text{ mA}；V_t = 26 \text{ mV}；R_c = 1,672 \text{ Ω}$$

則：放大增益 $A_v = -(1.98/26) \times 1,672 = -127 \doteqdot 42 \text{ dB}$

射極內阻 re' 和 R_c、A_v 的關係是：re' = $R_c / |A_v|$。在這個例子裡 re' 當為 1672/127 = 13 Ω。

由於 2 KHz 副波失真率過高，最方便的改善方法是把 R_e 分成二個部份 R_{e1}、和 R_{e2}。C_1 跟 R_{e2} 並聯接地，如圖 1-22 所示。

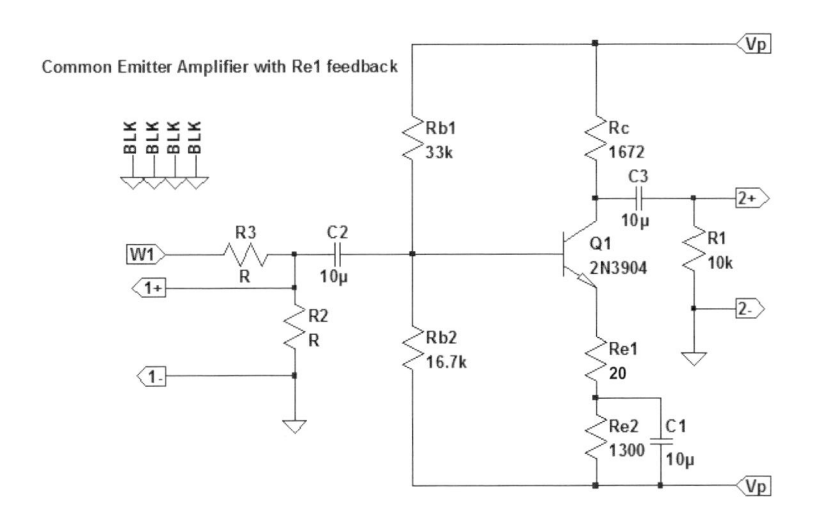

圖 1-22　R_{e1} 射極負回授的降低增益降低失真設計

圖 1-22 的射極接地放大器，它的電壓增益，因為 R_{e1} 所產生的負回授而降低了，A_v、R_c 和 R_{e1} 的關係：

$$A_v = \frac{V_{out}}{V_{in}} = \frac{-g_m R_L}{g_m R_E + 1} \approx \frac{R_L}{R_E}$$

如果 $A_v = 50$；R_e 保持不變 1,672 Ω；則 $R_{e1} = (R_c / |A_v|) - re' = (1,677/50) - 13 = 20$ Ω；$R_{e2} = 1,317 - 33 = 1,284$ Ω。

在做實驗的時候，不必使用 1% 高精密度的元件，如果手頭沒有計算出來的電阻或電容，可以使用 10% 數值範圍內的零件，用實際值來做 **LTSpice** 的 **Simulation**，實驗要做的無非是實作和 **Simulation** 所得的結果應當接近。

1-6 課外練習

(1) 試將圖 1-22 有射極負回授的射極接地放大器。
   A. 試用 LTspice 完成各項 Simulation 測試。
   B. 試實作，並完成各項 Analog Discovery 測試。
   C. 將 A、B 二項測試與圖 1-4 與 1-15 相比較，以證實負回授的效果。

(2) 如果將練習 (1) 中的 C_1 改成 0.1 μF、和 1,000 μF 對電壓增益和副波強度會有什麼影響。原因何在？

(3) 試述引起射極接地放大器失真的原因，和改善的方法。

(4) 圖 1-23 為射極接地放大器的偏壓配置方式。如果 V_{cc} = 10 V，R_3 = 66 kΩ，R_4 = 33 kΩ。試問：
   A. 依據等效電路 R_5 之阻值應為多少 Ω？
   B. 為什麼有經驗的設計者，不使用圖 1-23(B) 較簡單的偏壓配置？

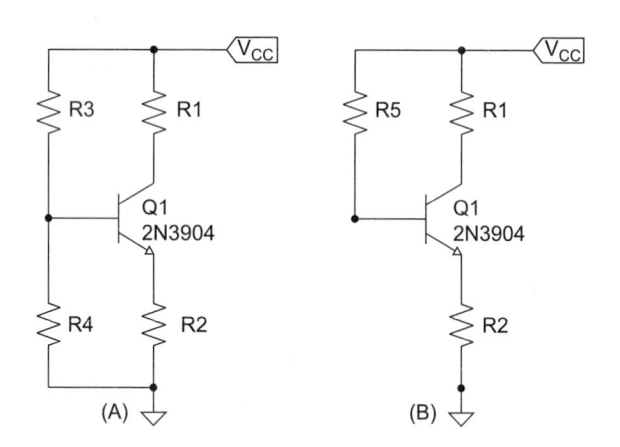

圖 1-23 射極接地放大器的偏壓配置方式

(5) 何謂 Miller Effect？

(6) 在使用麵包板來做實作時，在何種情況下就會發生 Miller Effect？

(7) 圖 1-11 的 V_{out} FFT 測試，它的結果代表的是什麼？

(8) AC Analysis 也就是 Bode Plot 對放大器提供些什麼資料？

(9) 一個電路如果工作不正常或根本不工作。首先要依據什麼資料來做檢查？

(10) 放大器的放大率和它的失真率成正比。要改善失真率應從那方面著手？

第二章　集極接地放大器

前一章的射極接地放大器，屬於電壓的放大。多用於微弱電壓的增強，不具電流或電功率的放大，無法用來推動喇叭之類，低阻抗的負載。本章的集極接地放大器，它也用基極做輸入，射極做輸出，集極經 V_{cc} 電源接地。這個電路不具電壓放大，但有電流和電功率放大的功能。

2-1　集極接地放大器直流偏壓的設計

圖 2-1 所示的集極接地放大器，它是由 1 只 NPN 電晶體，和 3 只

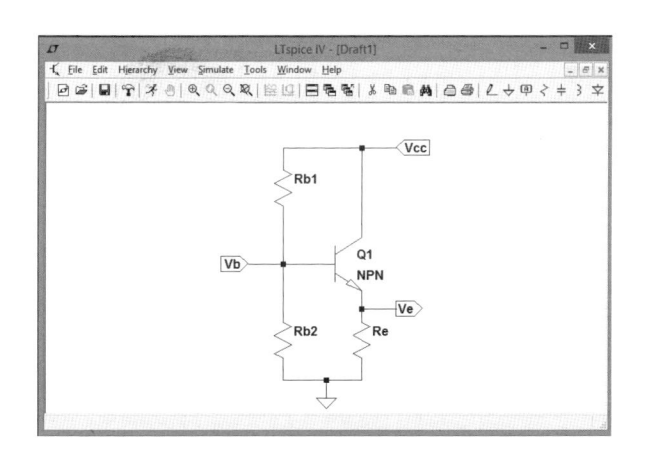

圖 2-1　集極接地放大器電路

電阻所組成。如果已知直流電壓 V_{cc}，和電晶體 I_e 的數值。3 只電阻的阻值，可以由下面的經驗法則計算出來。

由於 $I_e \gg I_b$：令流經 $R_{b1}+R_{b2}$ 的電流 $= 0.01 I_e$ 這將有助提升輸入阻抗。

$$V_b = V_e + V_{be}$$

$$V_b = \frac{R_{b2}}{R_{b1}+R_{b2}} \times V_{cc} \tag{1}$$

$$\frac{V_{cc}}{R_{b1}+R_{b2}} = 0.01 \times I_e \tag{2}$$

解方程式 (2) 得：$R_{b1}+R_{b2} = \dfrac{V_{cc}}{0.01 \times I_e}$

代入 (1) 得：$R_{b2} = \dfrac{V_b \times \left(\dfrac{V_{cc}}{0.01 \times I_e}\right)}{V_{cc}}$

$$R_{b1} = \frac{V_{cc}}{0.01 \times I_e} - R_{b2}$$

$$R_e = \frac{V_e}{I_e}$$

假設 $V_e = \dfrac{1}{2} V_{cc} = 5.0 \text{ V}$；$I_e = 2 \text{ mA}$；

代入 (1) 得：$R_{b2} = 285 \text{ k}\Omega$；

$$R_{b1} = 500 \text{ k}\Omega - 285 \text{ k}\Omega = 215 \text{ k}\Omega$$

$$R_e = \frac{V_e}{I_e} = \frac{5.0}{0.002} = 2{,}500 \text{ }\Omega$$

2-2 集極接地放大器的 C/C++ 程式

以上方程式的假設和求解，可以寫成 C/C++ 程式，加速答案的獲得，如圖 2-2 和圖 2-3 所示。

CommonCollectorAmplifier.cpp

```
/* common collector amplifier */
# include <iostream>
# include <math.h>
# include <stdlib.h>
using namespace std;

int main(int argc, char *argv[])
{
    float Vcc, Ie, Ve, Vb, Rb2, Rb1, Re;

        cout << "step 1: Please input the value of Vcc." << endl;
        cin >> Vcc;
        cout << "step 2: Please input the value of Ie." << endl;
        cin >> Ie;
        Ve = Vcc/2;
        Vb = Ve + 0.7;
        cout << "the value of Vb is equal to : " << Vb << endl;
        //(Rb1+Rb2) = Vcc/(0.01*Ie);
        Rb2 = (Vb*(Vcc/(0.01*Ie)))/Vcc;
        cout << "the value of Rb2 is equal to : " << Rb2 << endl;
        Rb1 = (Vcc/(0.01*Ie))- Rb2;
        cout << "the value of Rb1 is equal to : " << Rb1 << endl;
        Re = Ve/Ie;
        cout << "the value of Re is equal to : " << Re << endl;

        system("pause");
return 0;
}
```

圖 2-2　集極接地放大器的 C/C++ 程式

G:\6-MicroCenter A\Removable Disk\iLAB_old\iLAB_Ch02\CommonCollectorAmplifier.exe

```
step 1: Please input the value of Vcc.
10
step 2: Please input the value of Ie.
2e-3
the value of Vb is equal to : 5.7
the value of Rb2 is equal to : 285000
the value of Rb1 is equal to : 215000
the value of Re is equal to : 2500
Press any key to continue . . .
```

圖 2-3　由電腦來代為計算

2-3　集極接地放大器的模擬測試

模擬測試，是實體製作前的必要步驟，它能提供電路各個接點上的電壓、和零件的電流值。瞬態分析的波形、和交流分析的頻率響應、放大器的失真率等等，使用的是 **LTspice Simulator**。

圖 2-4 的集極接地放大器電路圖，除了 2N3904 電晶體和 R_{b1}、R_{b2}、R_{e3} 三只電阻之外，還另加了 C_1、C_2 和 R_L。C_1 連接到 2N3904 的基極和 V_s 正弦波產生器間，集極接到 V_p 間接接地了，成為集極接地放大器。R_L 成為放大器的負載電組，由於 C_2 的關係，成為高通濾波器。對直流和極低頻，產生阻隔和衰減的作用。至於使用二個直流電源 V_p、和 V_n，串連的結果為 10 V，為的是配合 **Analog Discovery** +5V 和 –5V 直流電源的使用。

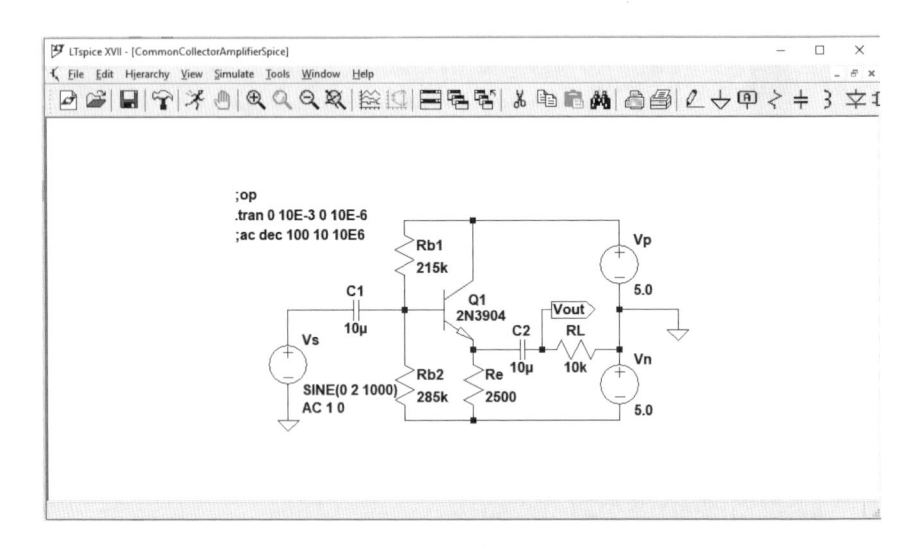

◦ 圖 2-4 ◦　　LTspice Simulator 上的集極接地放大器電路圖

2-3.1 直流工作點測試 (DC Operating Point Test)

在 LTspice 電路圖視窗的工作欄，點擊 **Simulate >> Edit Simulation Command >> DC op pnt >> OK**。如圖 2-5 所示，便完成設定。

直流工作點的設定完成後，就可以點擊 **Simulate >> Run** 做測試的工作。結果可獲得如圖 2-6 的一覽表。

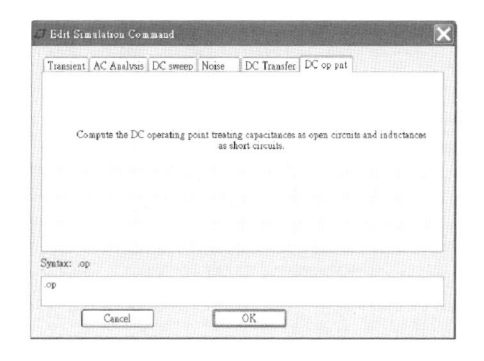

◦ 圖 2-5 ◦──── 直流工作點的設定

◦ 圖 2-6 ◦──── 直流工作點一覽表

　　這個直流工作點一覽表，是未來硬體實作發生錯誤時，除錯的基本依據。

2-3.2 瞬態

　　瞬態 (Transient)，也就是波形的分析。集極接地放大器，如果電流放大的是 20 Hz ~ 20 KHz 的音頻，圖 2-4 中，V_s 所設定的正弦波，頻率為 1 KHz，電壓為 2.0 V。當測試時，要在電路圖視窗的工作欄，點擊 **Simulate >> Edit Simulation >> Transient**。結果如圖 2-7 所示。

圖 2-7　瞬態的設定

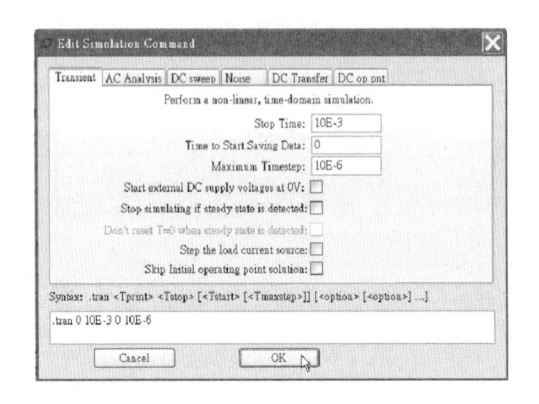

　　圖中 **Stop Time** 指的是測試的總時間，因為所加正弦波的頻率為 1 KHz，它的週期是 1E-3，要觀測 10 個正弦波波形，應填寫為 10E-3。**Time to Start Saving Data**，填寫 0 表示全部都要。**Maximum Timestep**，指的是在 10E-3 的波形展示中，不得低於 10E-3/10E-6 = 1,000 個點。這 3 個主要的項目，填寫好了之後，再點擊 **OK**，在電路上指出 V_{out} 的接點，便可獲得如圖 2-8 所示的波形。

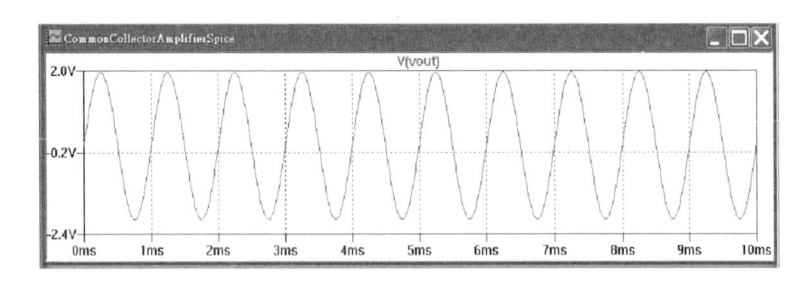

圖 2-8　集極接地放大器中，瞬態測試 V_{out} 的輸出波形

2-3.3　波形的分析 (FFT Analysis)

　　集極接地放大器的輸入為 1 KHz 的正弦波，它的輸出如圖 2-8 所示，判別這個波形有沒有失真？可以右擊圖 2-8 波形中的任何一點，再

第二章　集極接地放大器　27

選用 **Veiw>>FFT**，如圖 2-9 及圖 2-10 所示。

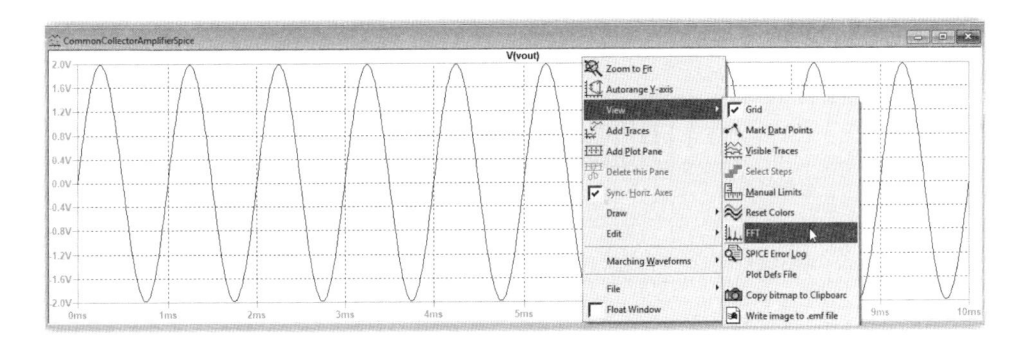

◌ 圖 2-9 ◌━━━━　選用觀測集極接地放大器 FFT 之 1

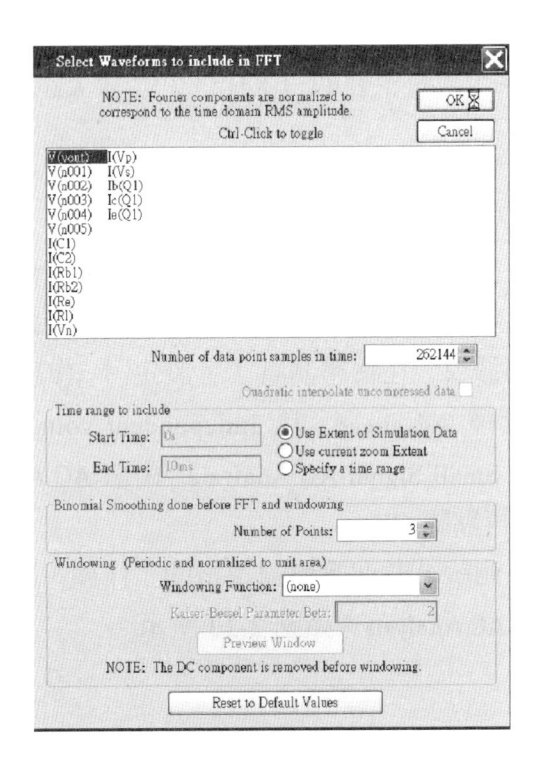

◌ 圖 2-10 ◌━━━━　選用觀測集極接地放大器 FFT 之 2

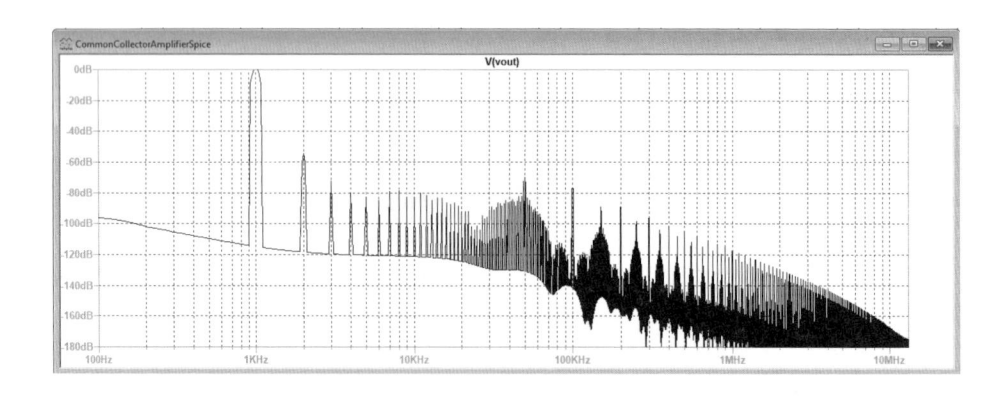

圖 2-11　集極接地放大器 V_{out} 之 FFT 圖形

再點擊圖 2-10 右上角的 **OK**，當顯示 V_{out} 的 FFT 圖形如圖 2-11。該圖形指出 V_{out} 除了含有主要的 1 KHz、2 V 放大訊號之外，還含有 2 KHz 副波。

2-3.4　交流分析 (AC Analysis)

瞬態分析，係指電路只對單一頻率的測試。交流分析，則指電路只測試一個大範圍頻率的響應，如 10 Hz～10 MHz。所以對 V_s 訊號產生器的設定也就不同於 V_s 在瞬態測試了。設定 V_s 作為交流分析，首先要點擊 V_s，然後選擇 **Advanced**，當 Independent Voltage Source–V_s 出現時，如圖 2-12 在 **Small Signal AC Analysis** 項目：**AC Amplitude** 填入 1，**AC Phase** 填入 0，再點擊 **OK**。

設定交流分析測試，要在電路圖視窗的工作欄，點擊 **Simulate >> Edit Simulation >> AC Analysis**。如圖 2-13 所示。

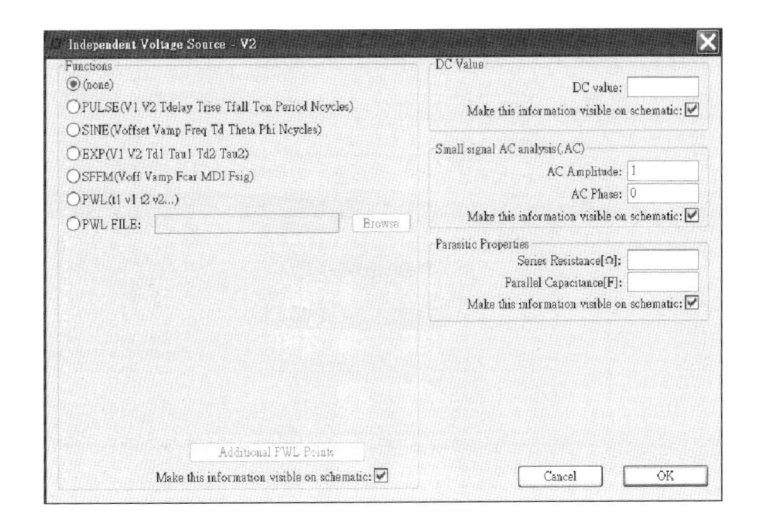

☙ 圖 2-12 ☙　　　小訊號交流分析時 V_s 的設定

☙ 圖 2-13 ☙　　　小訊號交流分析的設定

　　交流分析指令一共有四個項目，它們是：掃描類型、每一類型的測試點數目、開始掃描的頻率和停止掃描的頻率。

這四個項目填寫好了之後，再點擊 **OK**，在電路上指出 V_{out} 的接點，便可獲得如圖 2-14 所示的圖形。

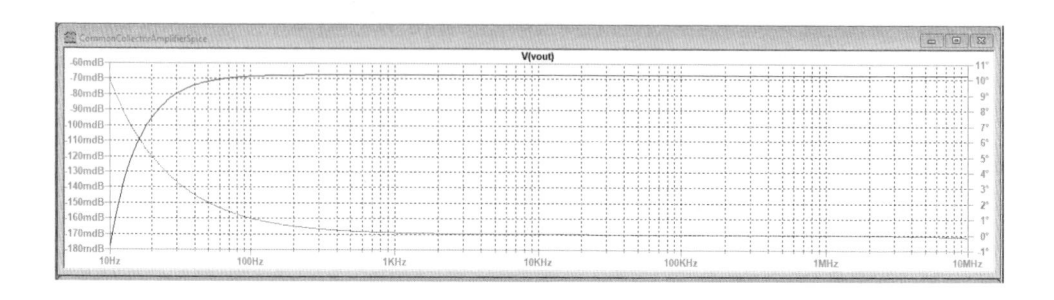

◎ 圖 2-14 ◎　　集極接地放大器和交流分析測試 V_{out} 的輸出結果

這個圖形的實線部份，代表集極接地放大器的增益。用來表示和掃描頻率間的信號強度比，單位是 dB。0.0 dB 表示 $V_{out}/V_{in}=1$，集極接地放大器的電壓增益小於 1，大約是 0.9 左右。虛線代表集極接地放大器 V_{out}/V_{in} 和掃描頻率間的相位差別關係。電流增益 $(I_{out}/I_{in})=\beta+1$。電晶體 2N3904 的 β 值在 100～300 之間。因此被用來做推動電阻值較低，需要較多電流的負載。

◎ 2-4　電路的硬體裝置與測試

圖 2-15 是圖 2-4 與 **Analog Discovery Module** 的接線關係圖。

簡單的低頻電路，如果只為了學習，可以參考附錄 A，使用不需銲接的**麵包板** (breadboard) 來完成，如圖 1-16 便是一個例子。頻率較高或比較複雜的電路，應當把電路裝配在接地良好，使用銲接的電路板上。

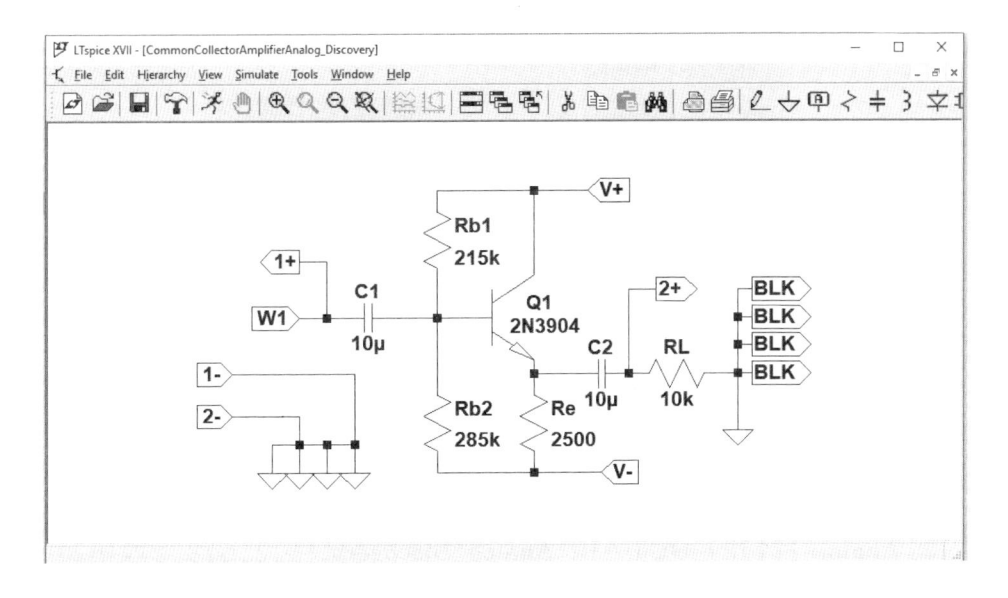

◎ 圖 2-15　　集極接地放大器與 Analog Discovery Module 接線的關係

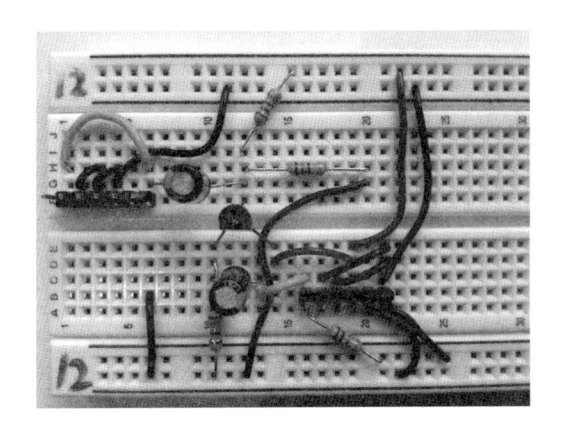

◎ 圖 2-16　　裝置在使用麵包板上的集極接地放大器

　　Analog Discovery Module，連同裝上了 **Waveform** 軟體的 PC，形成了多件由軟體操控的硬體儀器。點擊 **Analog** 部份的 **Voltage**，如圖 2-17 所示。這 2 個 5 V 電源，可以 **ON** 或 **OFF** 軟體控制。

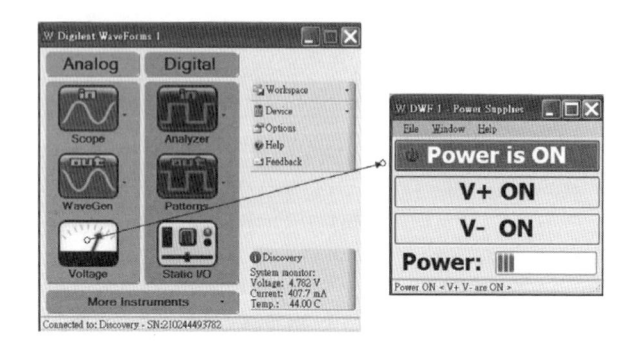

figure 2-17　Analog Discovery 的 2 個可 ON 或 OFF 的電源

集極接地放大器需要一個 1 KHz、1.0 V、0 offset 電壓輸入訊號。點擊 Analog 部份的 OUT，由 Analog Discovery 中 2 個波形產生器中的 AWG 1 個來提供。如圖 2-18 所示。

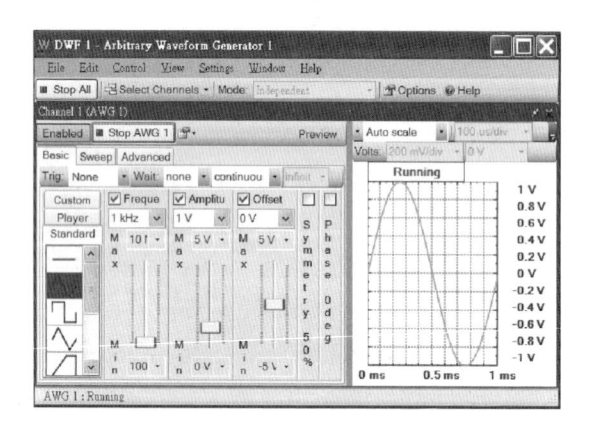

圖 2-18　Analog Discovery 的 1 個函數產生器提供電路的輸入訊號

集極接地放大器的輸出波形，需要用一個有 2 個頻道的示波器來測量。點擊 Analog 部份的 IN，Analog Discovery 提供一個有 2 個頻道，可以做浮動輸入的示波器，其中一個 1^+ 連接到訊號輸入，另外一個 2^+ 連接到訊號輸出，而 1^- 和 2^- 必須另外接地。

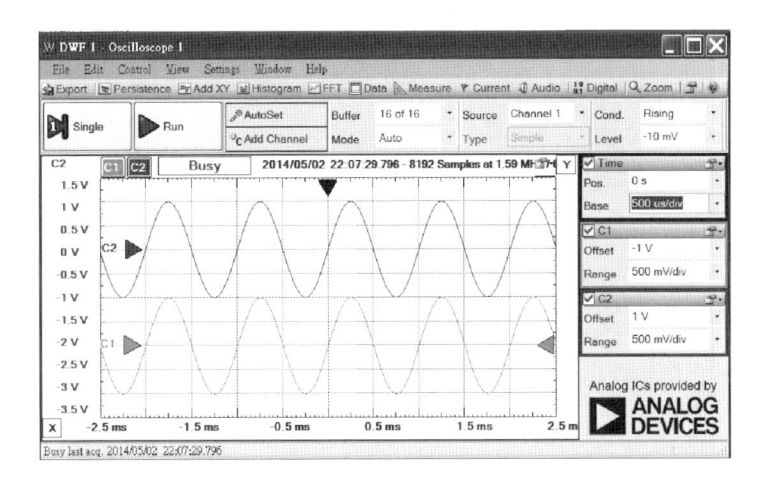

圖 2-19　　Analog Discovery 的示波器對電路輸入和輸出波形的測量

　　Digilent Waveforms 的 More Instruments 中有一個稱謂 Network Analyzer的。它能夠對硬體來做 LTspice 的交流訊號分析，同樣的測試，如圖 2-20 所示。設定欄是對於電路的輸入函數產生器的數值，應填入開始掃描的頻率 10 Hz，掃描終了的頻率 10 MHz。電壓強度都是 1 V。每一個 Decade 的測試點數為 200 點。填好之後，再單擊 Bode Scale，填入 Magnitude 和 Phase 的數值。最後再選擊單一掃描 Single，即可獲得圖 2-20 網路分析，硬體交流分析的結果。

　　More Instruments 還有一個稱謂 Spectrum Analyzer 頻譜儀，它能夠對硬體，做 LTspice 中 FFT 的分析工作，如圖 2-21 所示。它的 Frequency Range 因為輸入為 1 KHz，所以應選用 10 KHz to 24.42 Hz 這一檔。在 Frequency 項目中，Center 選用 2.5 KHz，Span 選用 5 KHz。這樣便可以查看到是否有 1 KHz 的 2 KHz 的偶次和 3 KHz 的奇次副波。從圖上可以看到，在輸入信號為 1.0 V 時，輸出的 2 KHz 的副波完全消失了。也就是說，當輸入信號增強時，失真率也隨之增高。

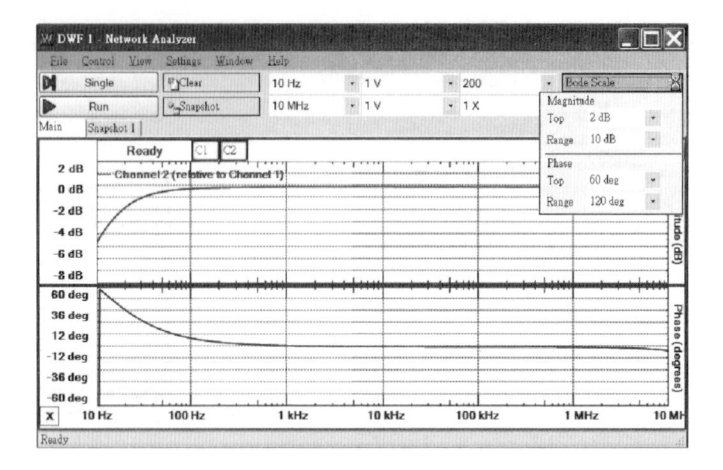

◎ 圖 2-20　　網路分析相同於 LTspice 的 AC Analysis

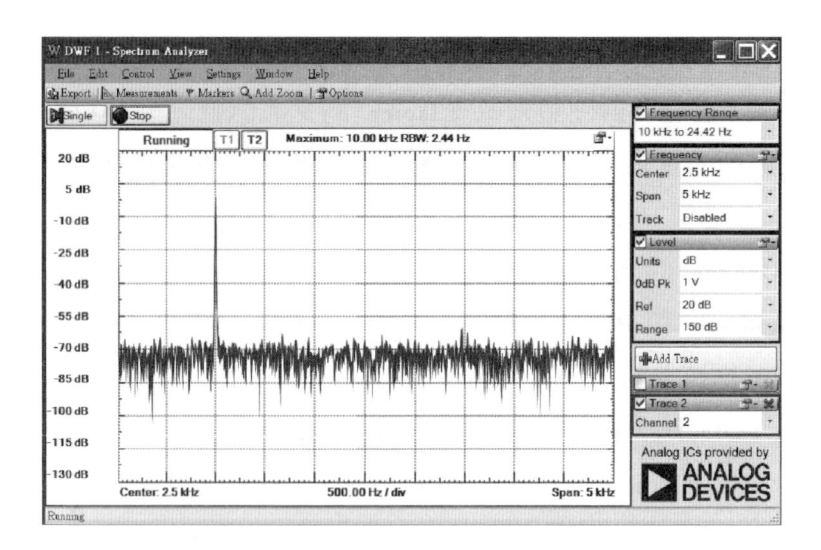

◎ 圖 2-21　　Analog Discovery Module 的頻譜儀 Spectrum Analyzer

2-5 課外練習

(1) 集極接地放大器，常被用來做**緩衝器** (Buffer)，原因何在？

(2) 圖 2-22 是將第 2-4 節的電路加裝 PNP 電晶體組成的集極接地 Class B 類放大器。

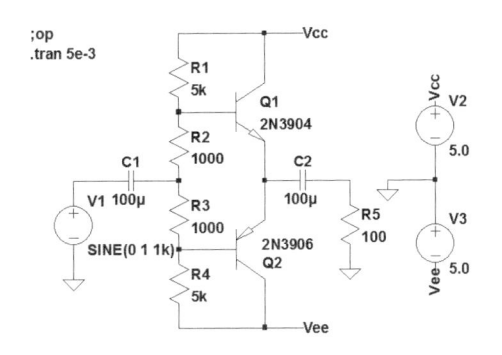

<圖 2-22> 由 NPN 和 PNP 電晶體組成的集極接地 Class B 類放大器

A. 試完成 LTspice Simulator 的各項軟體測試。
B. 試完成電路硬體裝置的各項測試。
C. 試將測試的結果跟原來圖 2-15 的電路做一比較。

(3) 試述**推挽式** (Push – Pull) 和 Class B 類集極接地放大器的異同點。

(4) 圖 2-23 是二個電晶體連結起來稱為 Darlington 的 Emitter Follower 電路，在計算偏壓電阻時圖 2-2 的 C/C++ 程式應做些什麼改變？請寫出該 Program。

Darlington Emitter Follower

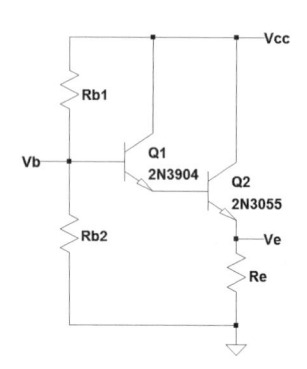

◁ 圖 2-23 ▷　　二個電晶體連結起來稱為 Darlington 的 Emitter Follower 電路

(5) 請用第 (4) 題經過改變的 C/C++ 程式來計算當 $V_{cc} = 10\,\text{V}$，$I_e = 1\,\text{A}$ 時 R_{b1}、R_{b2} 和 Re 的電阻值。並且將使用該值的電路，AC 交連加入一 3 V 1 KHz 的信號。.TRAN 分析 V_e 的輸出和 FFT。

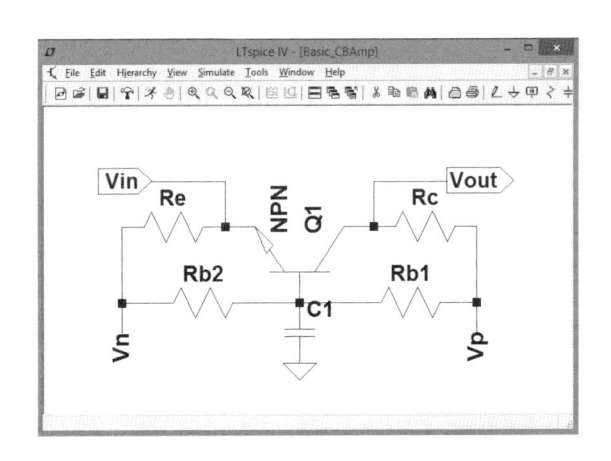

第三章 基極接地放大器

射極接地放大器是用來放大微弱的電壓,集極接地放大器是用來放大電流。基極接地放大器在偏壓的設計上,跟射極接地放大器是完全相同,其中不同的是,輸入和輸出的相位相同。輸入的阻抗極低。這些特點,常被用在高頻電路的設計上。

3-1 基極接地放大器直流偏壓的設計

如圖 3-1 所示的基極接地放大器,它也是由一只 NPN 電晶體,和四只電阻所組成。跟第一章中,圖 1-1 所示的射極接地放大器完全一樣,所以也可以用圖 1-2 射極接地放大器的 C/C++ 程式來求解 4 只電阻的阻值。

圖 3-1 基極接地放大器

3-2 基極接地放大器的模擬測試

圖 3-2 的基極接地放大器電路圖，它跟圖 1-3 的射極接地放大器電路圖不同，圖 3-2 的基極經 C_1 完成交流接地。所以稱為基極接地放大器。它的 V_s 輸入是經由 C_2 接到 Q_1 2N3904 的射極。負載 R_L 則經由 C_3 接到 Q_1 的集極。

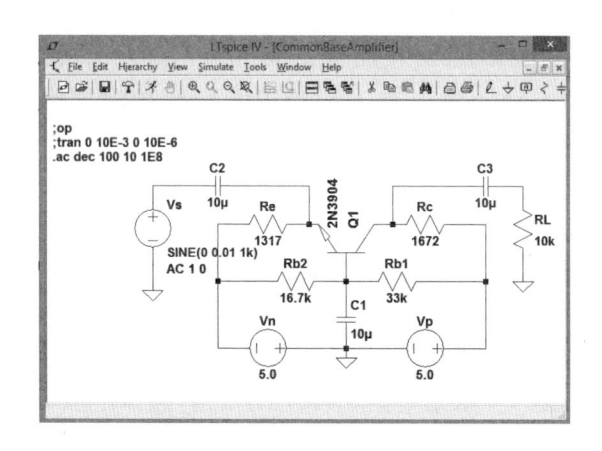

◎ 圖 3-2　LTspice Simulator 上的基極接地放大器電路圖

3-2.1 直流工作點測試 (DC Operating Point Test)

由於圖 3-1 基極接地放大器的原型，和射極接地放大器的原型相同，所以它的直流工作點一覽表，也就和射極接地放大器直流工作點一覽表相同。如圖 3-3 所示。

3-2.2 瞬態 (Transient)

基極接地放大器，如果要放大的也是 20~20 KHz 的音頻，圖 3-2，V_s 所加的正弦波，頻率為 1 KHz，電壓為 0.01 V。設定測試時，也是在電路圖視窗的工作欄，點擊 **Simulate >> Edit Simulation >> Transient**。如圖 3-4 所示。

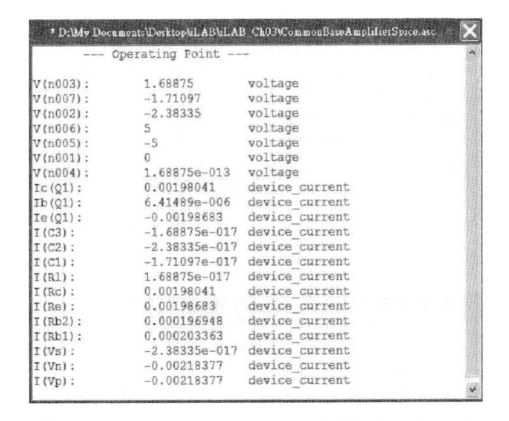

第三章　基極接地放大器　39

圖 3-3　　　圖 3-2 基極接地放大器電路的直流工作點

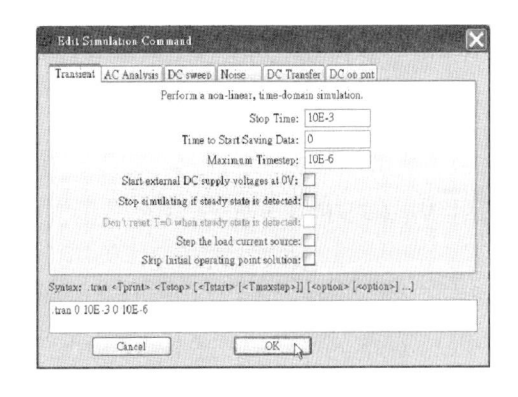

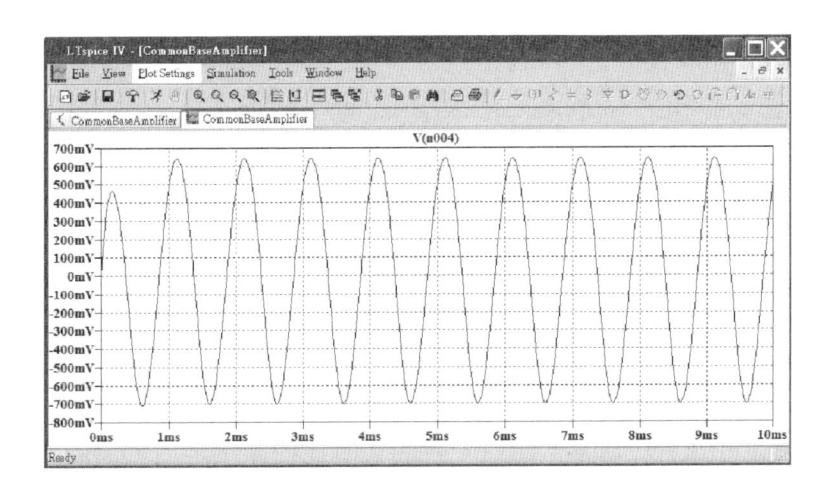

圖 3-4　　　瞬態的設定

圖 3-5　　　基極接地放大器，瞬態測試 V_{out} 的輸出波形

　　比較圖 3-5 中基極接地，和射極接地放大器。在同一個輸入情況下，它們的輸出強度是一樣的，但是基極接地放大器的輸入和輸出，相位相同。而射極接地放大器的輸入和輸出，相位則相差 180 度。

3-2.3 波形的分析 (FFT Analysis)

基極接地放大器的輸入為 1 KHz 的正弦波，它的輸出如圖 3-5 所示，判別這個波形有沒有失真？可以左擊圖 3-5 波形中的任何一點，再選用 **View>>FFT**，如圖 3-6 所示。

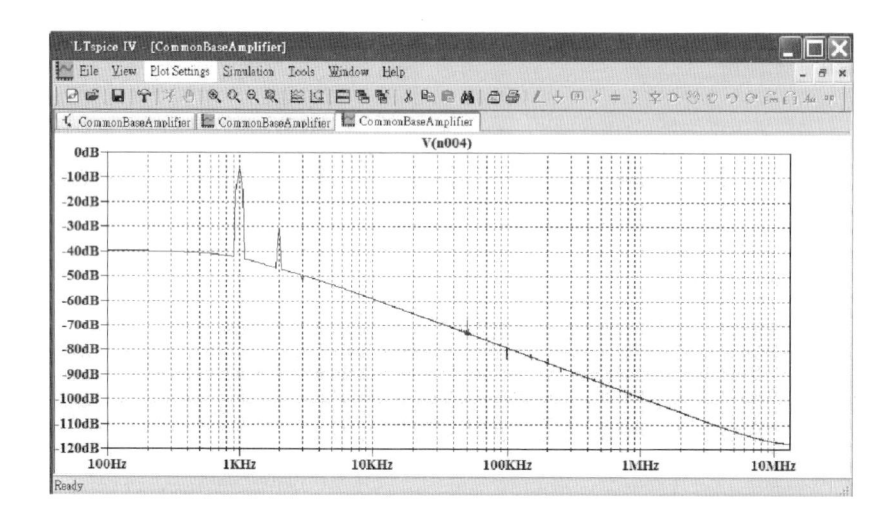

◦ 圖 3-6 ◦　　基極接地放大器 V_{out} 之 FFT 圖形

圖 3-7 顯示指出 V_{out} 除了含有主要的 1 KHz 放大訊號之外，也含有約 15 dB 的 2 KHz 副波。所以，它的失真比射極接地放大器要高。

3-2.4 交流分析 (AC Analysis)

瞬態分析，係指電路只對單一頻率的測試。交流分析，則指電路只測試一個大範圍頻率的響應，如 10 Hz~100 MHz。所以對 V_s 訊號產生器的設定也就不同於 V_s 在瞬態測試了。設定 V_2 作為交流分析，首先要點擊 V_s，然後選擇 **Advanced**，當 Independent Voltage Source –V_s 出現時，在 **Small Signal AC Analysis** 項目：**AC Amplitude** 填入 1，**AC phase** 填入 0，點擊 OK。設定交流分析測試，也是在電路圖視窗的工作欄，點擊 Simulate >> Edit Simulation >> AC Analysis。

交流分析指令一共有四個項目，它們是：掃描類型、每一類型的測試點數目、開始掃描的頻率、和停止掃描的頻率。

這四個項目填寫好了之後，再點擊 OK，在電路上指出 V_{out} 的接點，便可獲得如圖 3-7 所示的圖形。

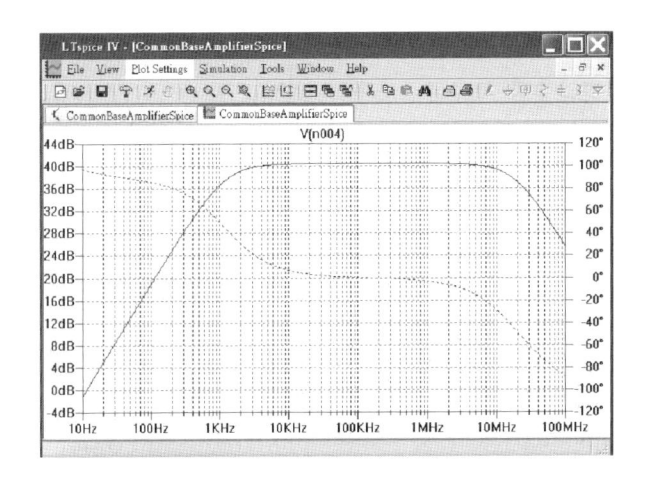

◦ 圖 3-7 ◦＿＿＿＿ 基極接地放大器，交流分析測試 V_{out} 的輸出圖形

這個圖形的實線代表基極接地放大器 V_{out}/V_{in} 和掃描頻率間的信號強度比，單位是 dB。虛線代表基極接地放大器 V_{out}/V_{in} 和掃描頻率間的相位差別關係。它所顯示的結果與射極接地放大器相較，除了相位差別，放大率在 10 Hz 到 100 MHz 範圍內，完全相同。

3-3 電路的硬體裝置與測試

圖 3-8 是 圖 3-2 與 Analog Discovery 的接線關係圖。

圖 3-8 電路的輸入端加入了由 R_1、R_2 與 C_4 組成的電壓衰減電路，

當 W_1 輸入為 1 V 時，Q_1 的射極可獲得約為 20 mV 雜訊較低的訊號電壓。

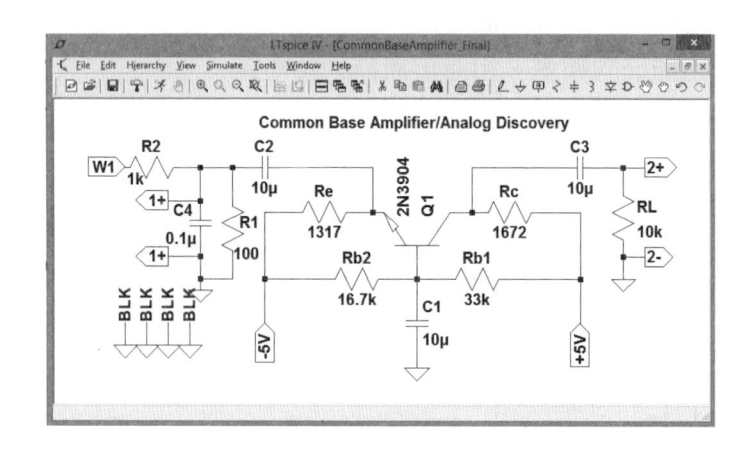

圖 3-8　　圖 3-2 與 Analog Discovery Module 的接線關係圖

簡單的低頻電路，如果只為了學習，可以參考附錄 A，使用不需銲接的**麵包板** (Breadboard) 來完成，如圖 3-9 所示。頻率較高或比較複雜的電路，應當將電路裝配在接地良好且使用銲接的電路板上。

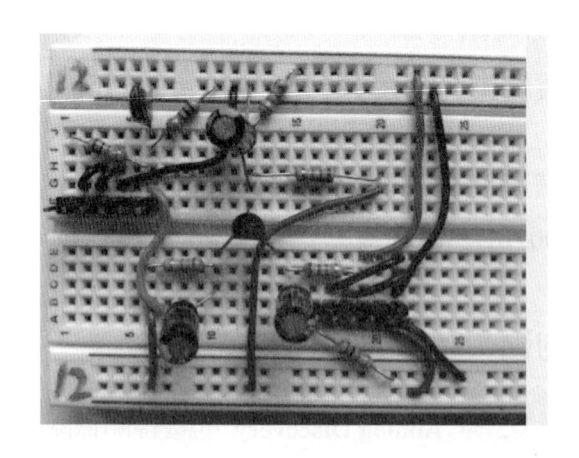

圖 3-9　　裝置在使用麵包板上的基極接地放大器

Analog Discovery Module，連同裝上了 Waveform 軟體的 PC，形成了多件由軟體操控的硬體儀器。點擊 Analog 部份的 Voltage，如圖 2-10 所示。這 2 個 5 V 電源，可以 ON 或 OFF 軟體控制。

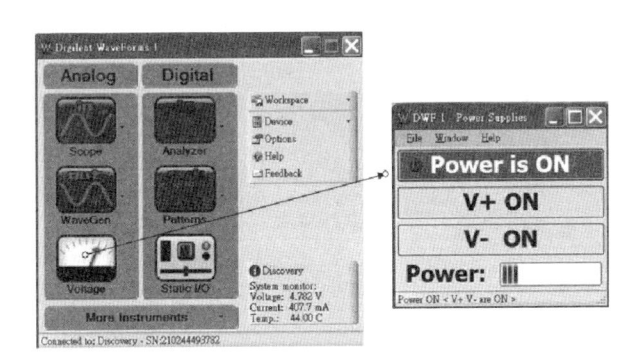

圖 3-10　Analog Discovery 的 2 個可 ON 或 OFF 的電源

基極接地放大器需要一個 1 KHz、20 mV、0 offset 電壓輸入訊號。點擊 Analog 部份的 OUT，由 Analog Discovery 中 2 個波形產生器中的 W_1 個來提供。如圖 3-11 所示。

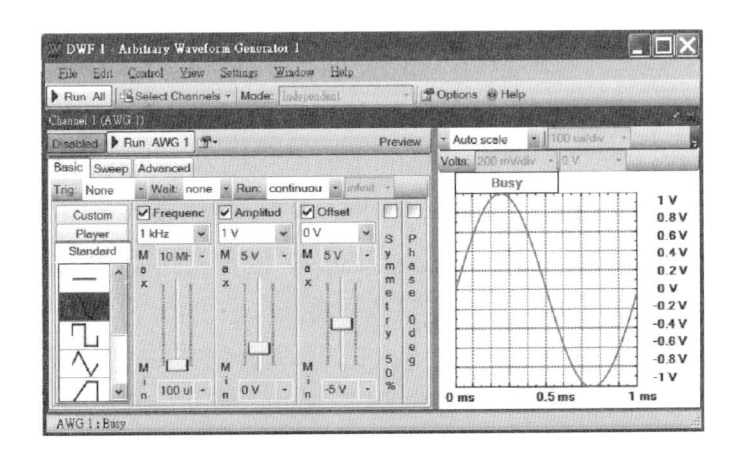

圖 3-11　Analog Discovery 的 1 個函數產生器提供電路的輸入訊號

基極接地放大器的輸出波形，需要用一個有 2 個頻道的示波器來測量。點擊 Analog 部份的 IN，Analog Discovery 便提供一個有 2 個頻道的示波器，其中一個 1$^+$ 連接到訊號輸入，另外一個 2$^+$ 連接到訊號輸出，1$^-$ 和 2$^-$ 則接地。

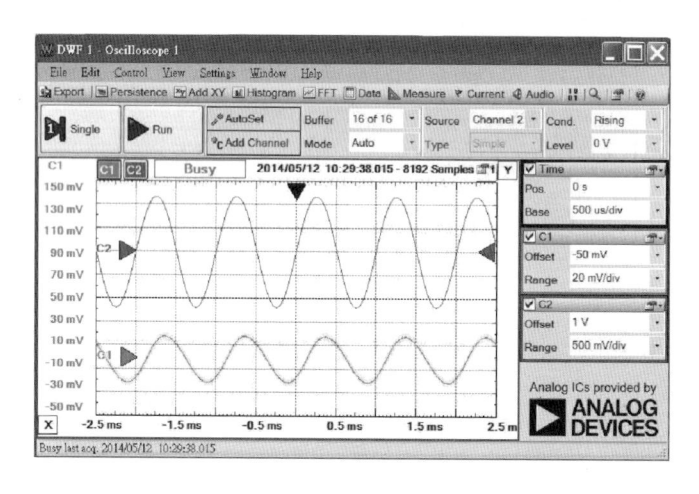

圖 3-12　　Analog Discovery 的示波器對電路輸入和輸出波形的測量

Digilent Waveforms 的 More Instruments 中有一個稱謂 Network Analyzer 的，它能夠對硬體做 Bode Plot，相同於軟體 LTspice 的交流訊號分析的測試。如圖 3-13 所示。Bode Plot 的 Magnitude 顯示頻率響應的強度，用 dB 來表示。Phase 指的是輸出和輸入之間的相位差。圖 3-13 的特性曲線。由於輸入和輸出相位相同，加上實驗板的接地不良。在 10 KHz～1 MHz 左右 Gain>1，Phase 接近 0 度有正回授的現象。集極如有回授到射極，容易引起振盪。

第三章　基極接地放大器　45

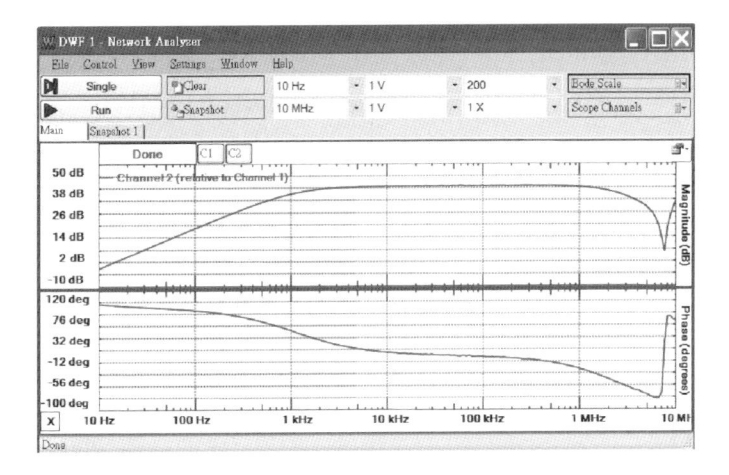

圖 3-13　網路分析相同於 LTspice 的 AC Analysis

More Instruments 還有一個稱謂 **Spectrum Analyzer** 頻譜儀，它能夠做硬體的 FFT 分析工作，如圖 3-14 所示。它的 **Frequency Range** 因為輸入為 1 KHz，所以應選用 10 KHz to 24.42 Hz 這一檔。在 **Frequency** 項目中，**Center** 選用 2.5 KHz，**Span** 選用 5 KHz。這樣便可以查看是否有 1 KHz 的 2 KHz 的偶次和 3 KHz 的奇次副波。從圖上可以看到輸出訊號有 2 KHz 的副波。較弱的 3 KHz 奇次副波。

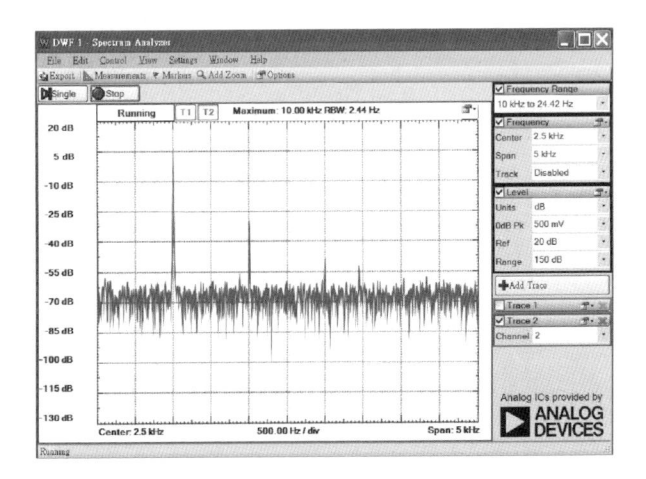

圖 3-14　Analog Discovery 的頻譜儀 Spectrum Analyzer

從圖 3-14 所顯的結果，跟圖 3-6 相比較，二者較接近。整個軟體和硬體的測試中，以需要做頻率變動的 **AC Analysis** 相差最大，原因是涉及較高的頻率。接線的過長，電路板的接地不良，和零件安排的不當等，都會引起意外的回授所致。

3-4　課外練習

(1) 高頻電路的那一部份，在設計上，可能會用到基極接地放大器？

(2) 試用基極接地放大器輸入和輸出同相的特性，設計一個振盪器。

(3) 為了改良實作的結果，試用手繪圖表示在零件的安排上，應有的做法。還有應改用何種電路板？

(4) 圖 3-15 是將圖 3-2 的電路加裝了由 L1/C1 和 L2/C2 高頻共振電路，來接收模擬天線訊號 10 μV / 1.59 MHz 的輸入。

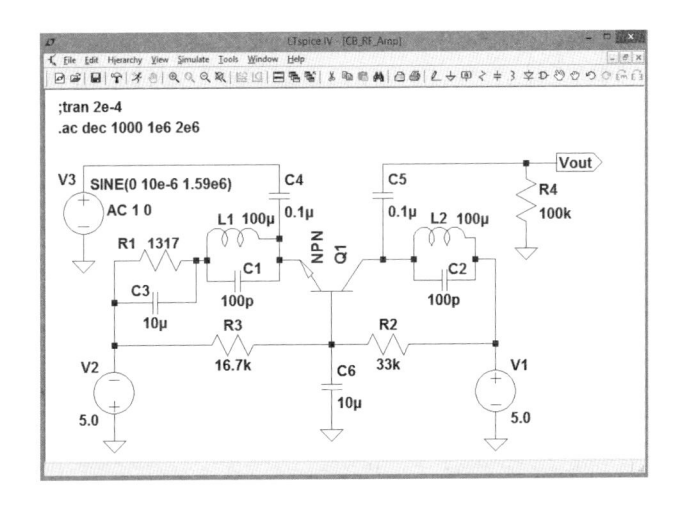

圖 3-15　基極接地的高頻放大器電路

A. 試完成 LTspice Simulator 的各項軟體測試。

B. 試完成電路硬體裝置的各項測試。

C. 試將測試的結果跟原來圖 3-2 的電路做一比較。

(5) 圖 3-16 是一個射極接地再串連基極接地的 Cascode 放大器電路。

A. 試完成 LTspice Simulator 的各項軟體測試。

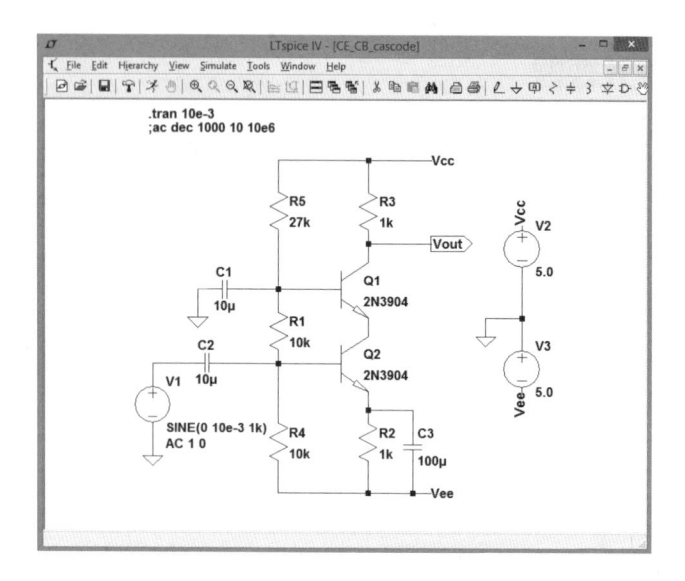

圖 3-16　　射極接地再串連基極接地的 Cascode 放大器電路

B. 試完成電路硬體裝置的各項測試。

C. 試將測試的結果跟原來圖 3-2 的電路做一比較。

第四章　放大器的串連和輸入輸出電阻的測量

單獨一級的電晶體放大器，在放大率、頻寬和輸入輸出阻抗，往往不足以支援大部份電子系統的需求。因而需要將它多級地串連起來，組合成如圖 4-1 所示的二級串連電晶體放大器示意圖。

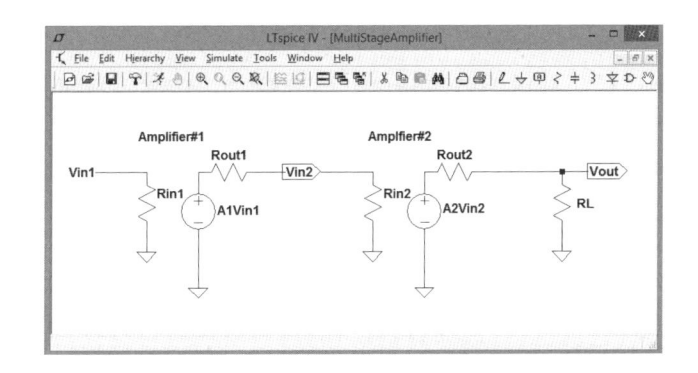

圖 4-1　二級串連電晶體放大器示意圖

示意圖中除了放大器的放大率 A_v 之外，還有 R_{in} 的輸入端電阻、R_{out} 輸出端電阻，和負載電阻 R_L。在設計上，必須事先將它們加以確定。

4-1　放大器輸入輸出電阻的測量

前面三章裏，我們對三種不同結構的放大器，它們的直流工作點、瞬態、失眞率和交流分析等都做過軟體和硬體上的分所和實作。這一節裏將對它們的輸入和輸出阻抗，用 LTspice 加以測量。輸入和輸出阻抗測量的基本原理如下：

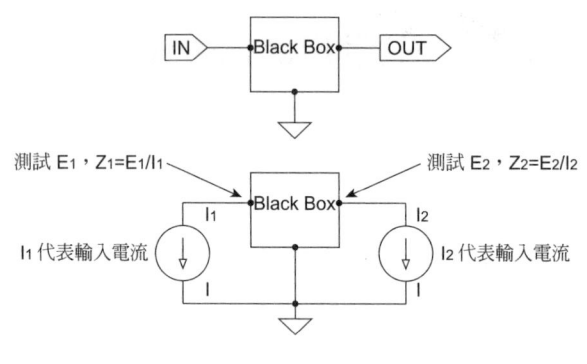

図 4-2　輸入和輸出阻抗之測量原理

4-2　LTspice 對射極接地放大器輸入和輸出電阻的測量

圖 4-3 為射極接地放大器輸入電路，輸入端所加之電流源為 1 μA、1 KHz 的正弦波。輸出端所加之電流源為 0 μA、1 KHz 的正弦波，所以實際上是**開路** (open circuit)。

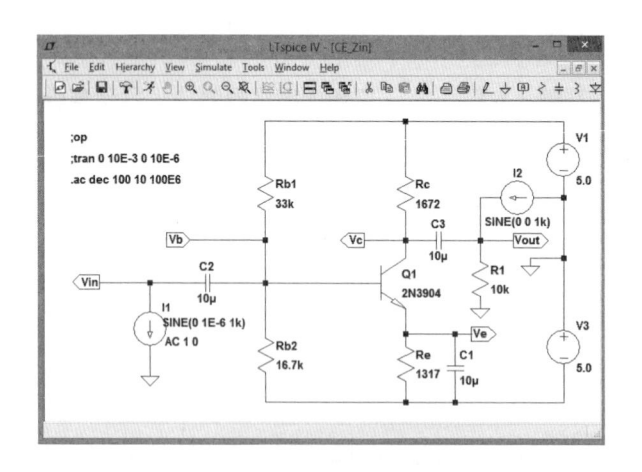

図 4-3　射極接地放大器輸入電阻的測量電路圖

第四章　放大器的串連和輸入輸出電阻的測量　51

從圖 4-4 射極接地放大器輸入 1 μA 電流源上測得之電壓降瞬態為 4 mV，故輸入電阻 R_{in} 當為 4E-3 / 1E-6 = 4,000 Ω。

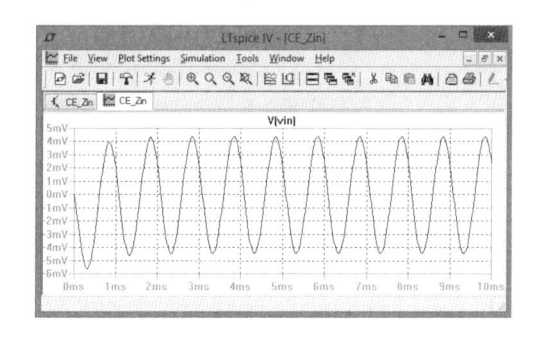

◖ 圖 4-4 ◗　　射極接地放大器輸入 1 μA 電流源上之電壓降瞬態

圖 4-5 為射極接地放大器輸入電路，輸入端所加之電流源為 0 μA、1 KHz 的正弦波，所以實際上是**開路** (open circuit)。輸出端所加之電流源為 1 μA、1 KHz 的正弦波。

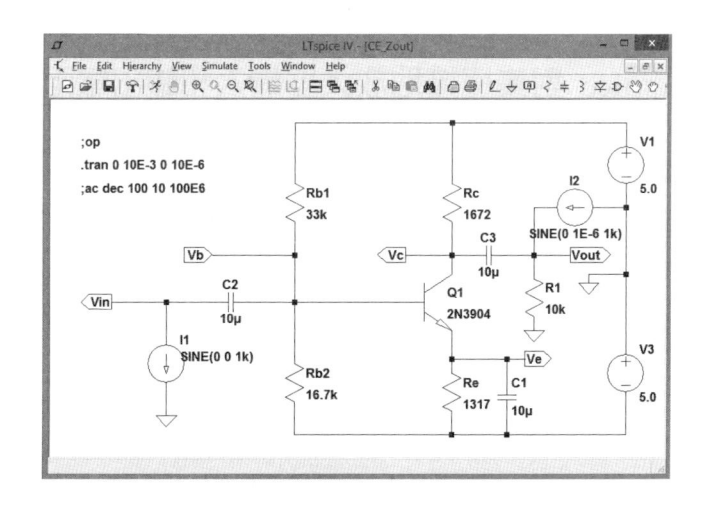

◖ 圖 4-5 ◗　　射極接地放大器輸出電阻的測量電路圖

從圖 4-6 射極接地放大器輸出 1 μA 電流源上測得之電壓降瞬態為 1.5 mV 左右，故輸出電阻 R_{out} 當為 1.5E-3/1E-6 = 1,500 Ω 左右。

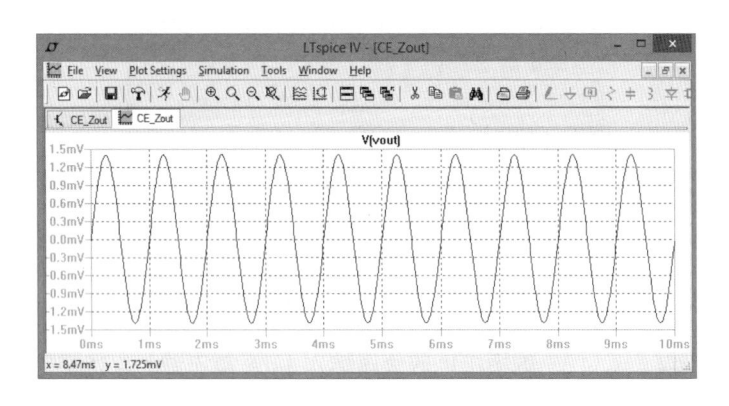

◦ 圖 4-6 ◦　　射極接地放大器輸出 1 μA 電流源上之電壓降瞬態

射極接地放大器具有中階的 (4,000 Ω) 輸入電阻，中階 (1,500 Ω) 的輸出電阻。

4-3　LTspice 對集極接地放大器輸入和輸出電阻的測量

圖 4-7 為集極接地放大器輸入電路，輸入端所加之電流源為 1 μA、1 KHz 的正弦波。輸出端所加之電流源為 0 μA、1KHz 的正弦波，所以實際上是**開路** (open circuit)。

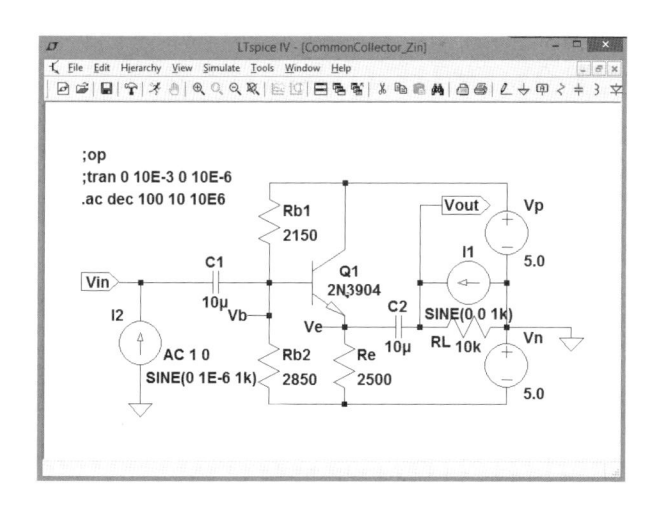

第四章　放大器的串連和輸入輸出電阻的測量　53

圖 4-7　集極接地放大器輸入電阻的測量電路圖

從圖 4-8 集極接地放大器輸入 1 μA 電流源上測得之電壓降瞬態為 1.2 mV，故輸入電阻 Z_{in} 當為 1.2E-3 / 1E-6 = 1,200 Ω。

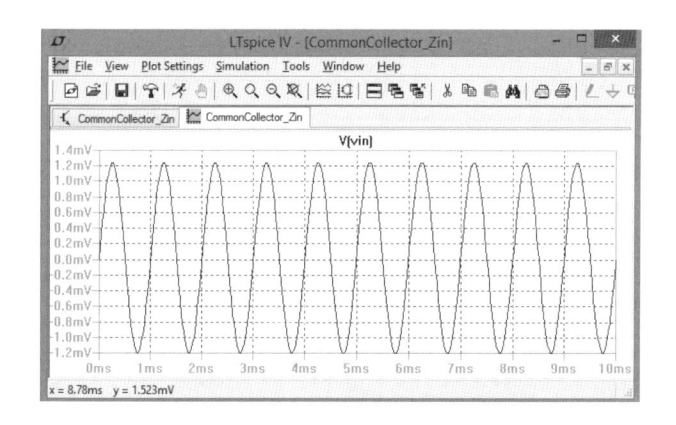

圖 4-8　集極接地放大器輸入 1 μA 電流源上之電壓降瞬態

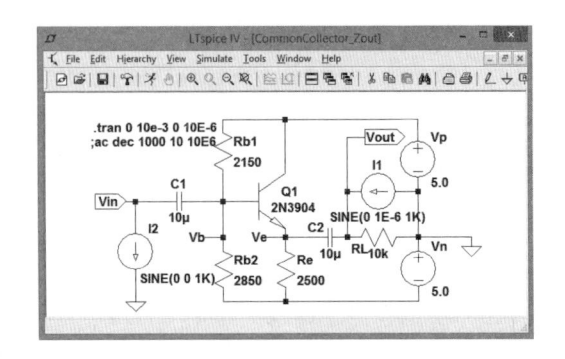

○ 圖 4-9 ○──── 集極接地放大器輸出電阻的測量電路圖

從圖 4-10 集極接地放大器輸出 1 μA 電流源上測得之電壓降瞬態約為 20 μV，故輸出電阻 R_{out} 當為 20E-6 / 1E-6 = 20 Ω 左右。

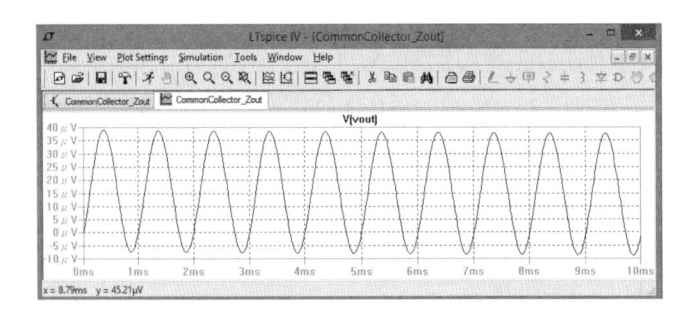

○ 圖 4-10 ○──── 集極接地放大器輸出 1 μA 電流源上之電壓降瞬態

集極接地放大器具有中階的 (1,200 Ω) 輸入電阻，最低 (20 Ω) 的輸出電阻。

◎ 4-4 LTspice 對基極接地放大器輸入和輸出電阻的測量

圖 4-11 為基極接地放大器輸入電路，輸入端所加之電流源為 1 μA、1 KHz 的正弦波。輸出端所加之電流源為 0 μA、1 KHz 的正弦波，所以實際上是**開路** (open circuit)。

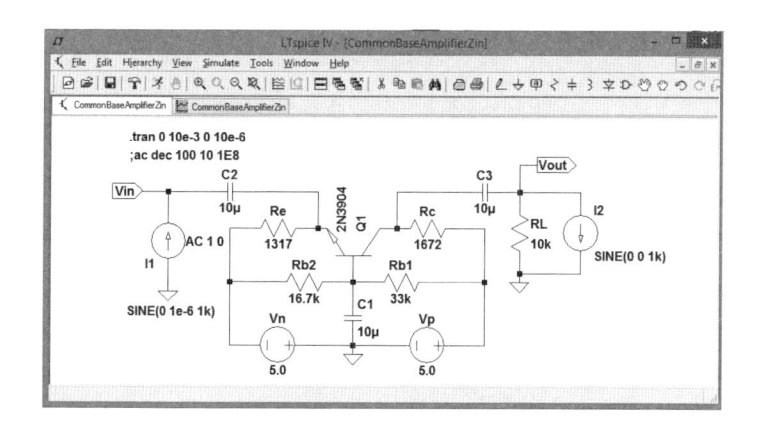

第四章　放大器的串連和輸入輸出電阻的測量　55

◦ 圖 4-11 ◦　　　基極接地放大器輸入電阻的測量電路圖

從圖 4-12 基極接地放大器輸入 1 μA 電流源上測得之電壓降瞬態為 (12 + 28)/2 = 20 μV，故輸入電阻 R_{in} 當為 20E-6/1E-6=20 Ω。

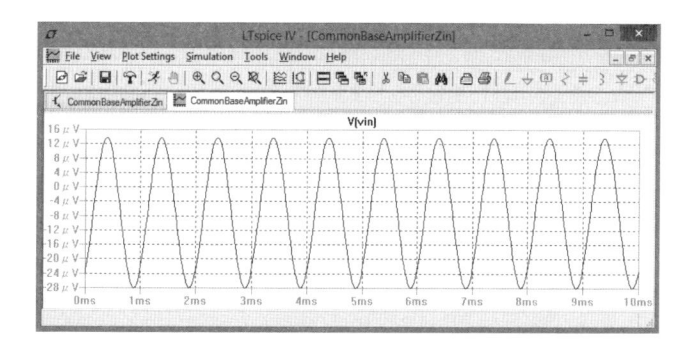

◦ 圖 4-12 ◦　　　基極接地放大器輸入 1 μA 電流源上之電壓降瞬態

圖 4-13 為基極接地放大器輸入電路，輸入端所加之電流源為 0 μA、1 KHz 的正弦波所以實際上是**開路** (open circuit)。輸出端所加之電流源為 1 μA、1 KHz 的正弦波。

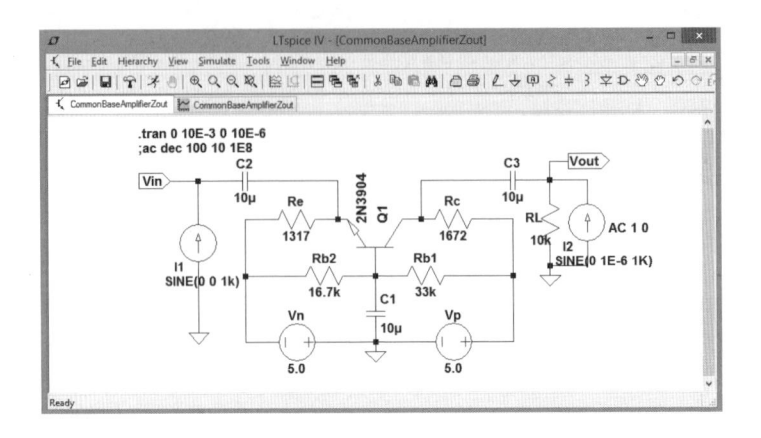

図 4-13　基極接地放大器輸出電阻的測量電路圖

從圖 4-14 基極接地放大器輸出 1 μA 電流源上測得之電壓降瞬態為 1.5 mV 左右，故輸出電阻 R_{out} 當為 1.5E-3 / 1E-6 = 1,500 Ω 左右。

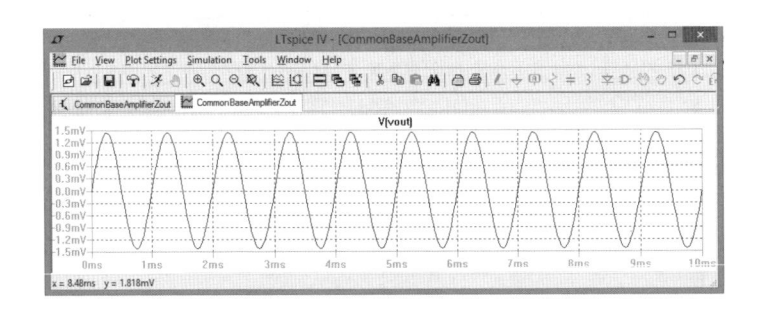

図 4-14　基極接地放大器輸出 1 μA 電流源上之電壓降瞬態

基極接地放大器具有最低的 (20 Ω) 輸入電阻，中階 (1,500 Ω) 的輸出電阻。

4-5　寬頻運作下的電路輸入與輸出阻抗的測試

以上所測量的是當電路在 1 KHz 時的輸入和輸出電阻。當頻率變動

第四章　放大器的串連和輸入輸出電阻的測量　57

時，電路的輸入和輸出電阻，也會隨之變動。使用 LTspice 來測試，須經過多個步驟，詳細操作請參考附錄 B 寬頻運作下電路阻抗的測試。這一節裏僅將三種基本電路的寬頻輸入和輸出阻用圖例說明。圖 4-15 為射極接地放大器在寬頻運作下的輸入端阻抗。圖 4-16 為其輸出端阻抗。

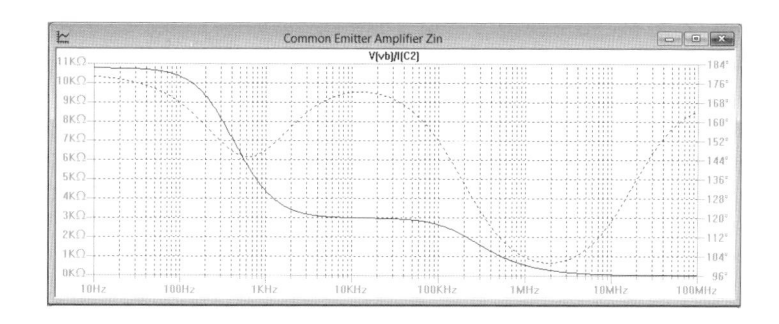

◦ 圖 4-15 ◦　　　射極接地放大器在寬頻運作下的輸入端阻抗

◦ 圖 4-16 ◦　　　射極接地放大器在寬頻運作下的輸出端阻抗

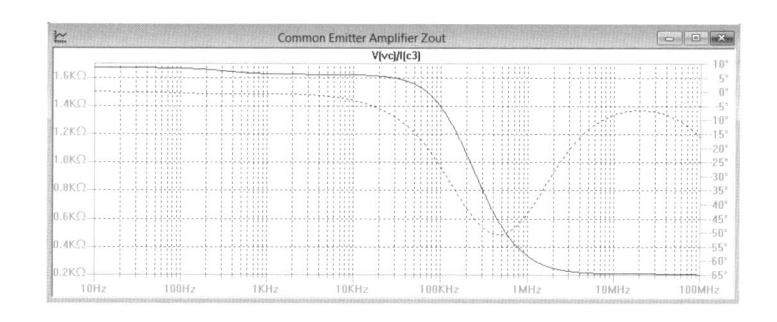

　　圖 4-17 為集極接地放大器的寬頻輸入端阻抗。圖 4-18 為其輸出端阻抗。

◦ 圖 4-17 ◦　　集極接地放大器的寬頻輸入端阻抗

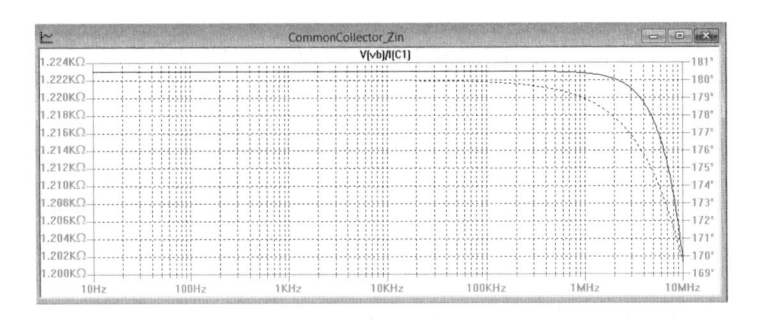

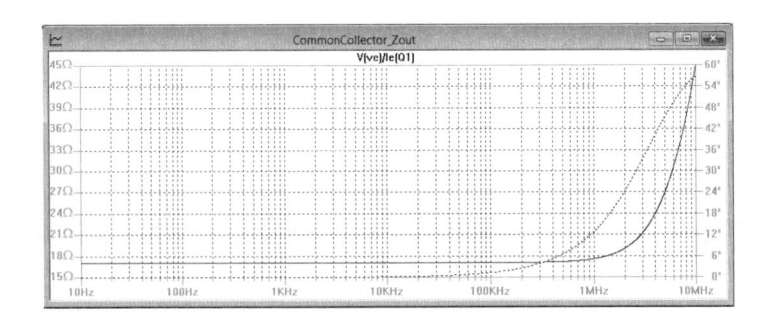

◦ 圖 4-18 ◦　　為集極接地放大器的寬頻輸出端阻抗

　　圖 4-19 為集極接地放大器的寬頻輸入端阻抗。圖 4-20 為其輸出端阻抗。

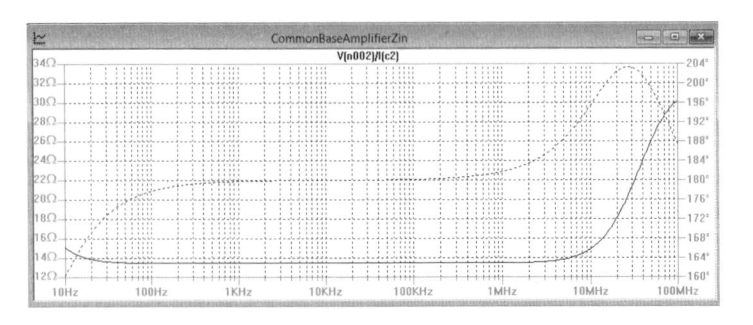

◦ 圖 4-19 ◦　　為集極接地放大器的寬頻輸入端阻抗

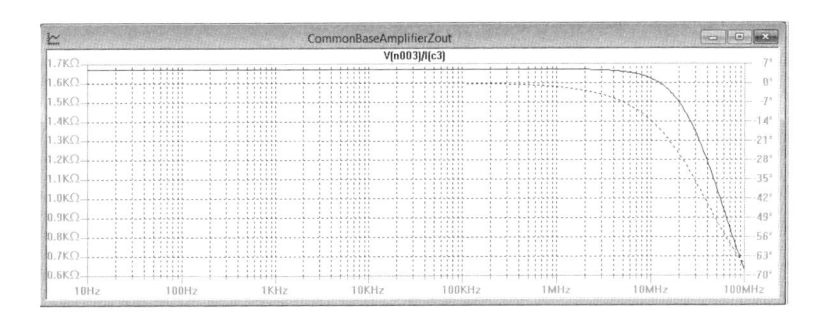

⌁ 圖 4-20 ⌁ 　　　為集極接地放大器的寬頻輸出端阻抗

4-6　二級電晶體放大器串連的設計

　　理想的放大器，當然是希望在其運作的頻率範圍內，有極高的輸入電阻，和極低的輸出電阻。但是到目前為止的實作電路，使用的都是BJT，在 1 KHz 的輸入，其電阻對射極接地放大器來講是 4,000 Ω，屬於中等。它的輸出電阻 1,500 Ω，一般來說，也不夠低。集極接地放大器的輸入電阻是 1,200 Ω，輸出為電阻 20 Ω。基極接地放大器的輸入電阻是 14 Ω。輸出電阻為 1600 Ω。其中以音頻範圍 (20 Hz～20 KHz) 來講，圖 4-15 射極接地放大器在音頻運作下的輸入端阻抗的變化，如果不加以改良，將在 20 Hz～2 KHz 的範圍上造成很大的失真。二級電晶體放大器的設計，要做到每級放大器在運作的頻率範圍內，它的放大增益和輸入和輸出阻抗必須平穩。

　　經過改良的射極接地放大器，如圖 4-21 所示。它的放大增益和輸入阻抗都平穩了，如圖 4-22 和圖 4-23 所示。這個改良後的射極接地放大器，就可以和平穩的集極接地放大器串連起來如圖 4-24 所示。

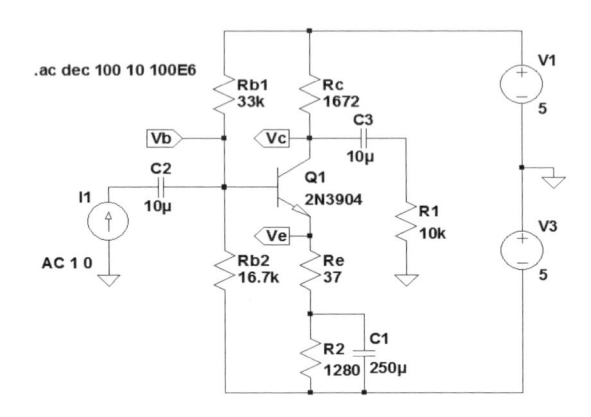

◎ 圖 4-21　改良後的射極接地放大器

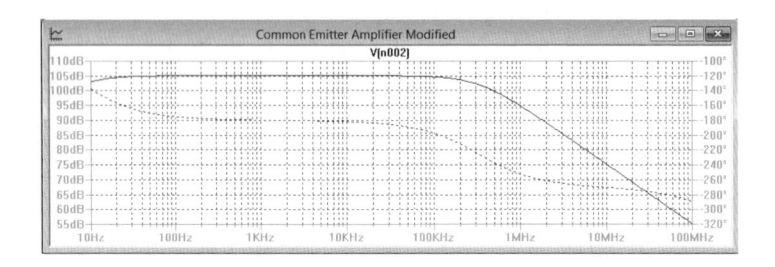

◎ 圖 4-22　改良後的射極接地放大器電流增益

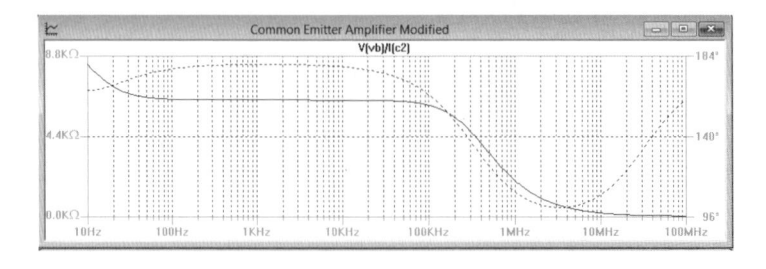

◎ 圖 4-23　改良後的射極接地放大器輸入阻抗

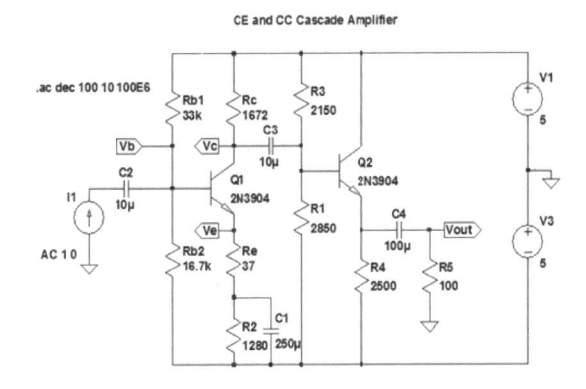

第四章 放大器的串連和輸入輸出電阻的測量

◎ 圖 4-24 ◎   射極接地與集極接地放大器串連放大

二級放大器串連放大的結果，它的電流和電壓增益如圖 4-25 和圖 4-26 所示。

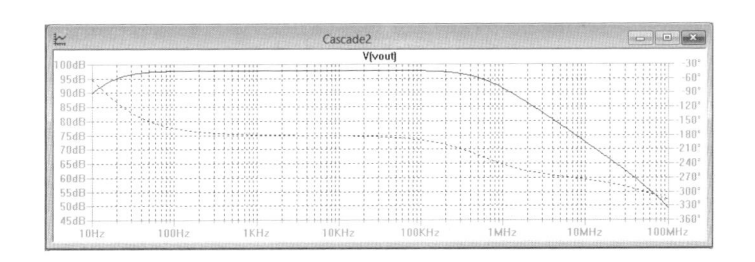

◎ 圖 4-25 ◎   二級放大器串連放大的電壓增益

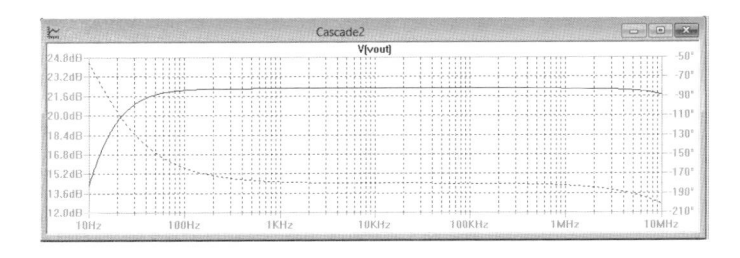

◎ 圖 4-26 ◎   二級放大器串連放大的電壓增益

4-7 二級電晶體放大器成對互補串連的設計

使用 NPN 電晶體 2N3904 和 PNP 電晶體 2N3906，便是成對互補的一個例子。如圖 4-27 所示。級與級之間直接交連，不用交連電容器。

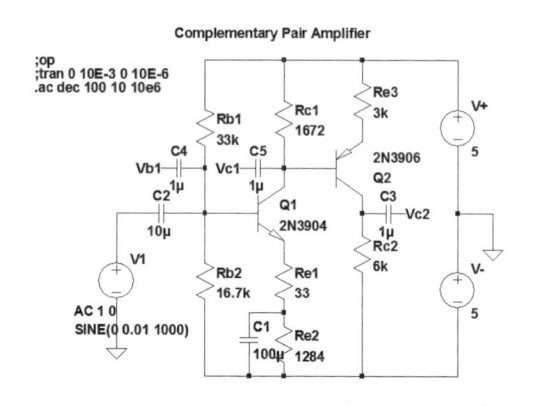

圖 4-27　二級成對互補串連的電晶體放大器

二個都是射極接地放大器，Q_2 為 PNP 所以 R_{e3} 連接到 V_p，R_{c2} 連接到 V_n。這一級的放大率為 2，完全由 R_{c2} 除以 R_{e3} 來決定。為了易於比較每級的放大率，使用 C_3、C_4、C_5 從 V_{b1}、V_{c1} 和 V_{c2} 點來觀察每級的波形如圖 4-28 所示。V_s 的正端經 C_2 交連到 Q_1 的基極，負端接地。

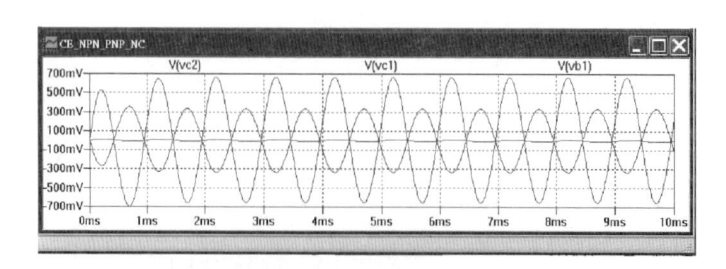

圖 4-28　比較二級成對互補放大器，每級的放大率

4-8　使用 V_{be} 補償的電晶體電功率放大器的設計

圖 4-29 的電晶體電功率放大器電路，主要是由 Q_1 與 Q_3 成對互補電晶體 2N3904 和 2N3906 所組成。為了提高效率，使用乙類偏壓的設計。同時為了避免發生 0.7 V 以下的 V_{be} 斷流效應，另加同型的 Q_2 和 Q_4 電晶體來做補償。

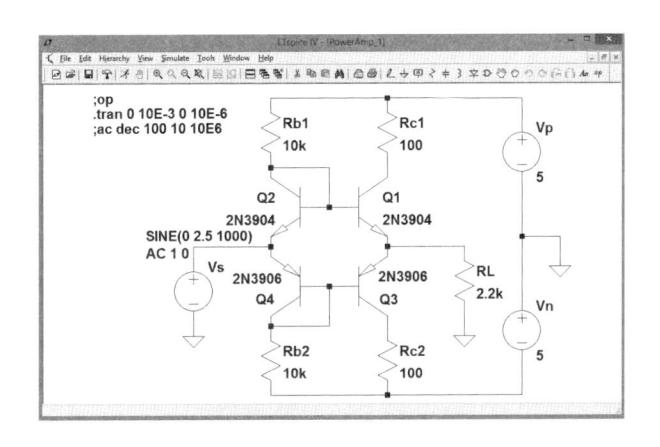

圖 4-29　電晶體電功率放大器電路，使用 V_{be} 補償

經由 **LTspice** 瞬態測試的結果，它的 FFT 分析如圖 4-30 所示。

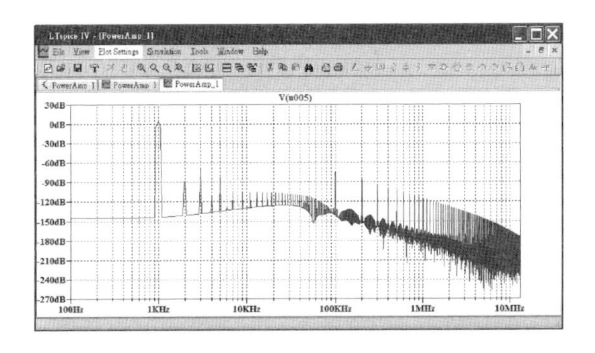

圖 4-30　電晶體電功率放大器電路的輸出 FFT 分析

4-9　使用集極互補交連的電晶體電功率放大器的設計

圖 4-31 的電晶體電功率放大器電路，主要是由 Q_1 與 Q_3 成對互補電晶體所組成。同樣使用乙類偏壓的設計，也是為了避免發生 0.7 V 以下的 V_{be} 斷流效應。不同於上例的設計是，用另加異型的 Q_2、NPN 集極接地放大器去推動 Q_4、PNP 的集極接地放大器。Q_4、PNP 集極接地放大器去推動 Q_1、NPN 的集極接地放大器。

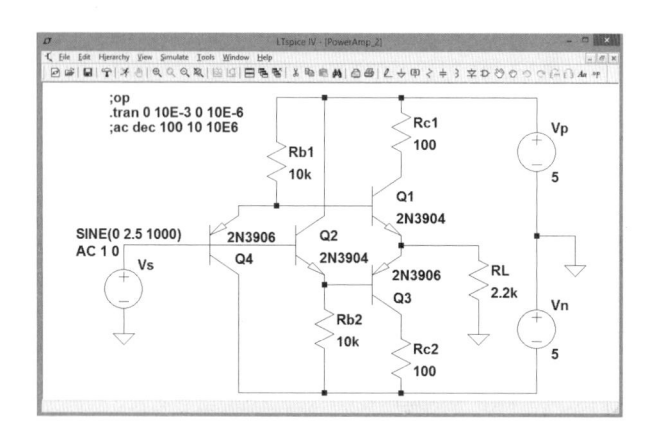

圖 4-31　電晶體電功率放大器電路，使用集極互補交連

經由 **LTspice** 瞬態測試的結果，它的 FFT 分析如圖 4-32 所示。

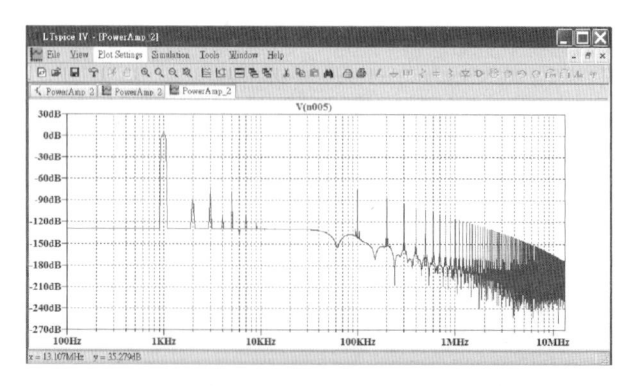

圖 4-32　集極互補電晶體電功率放大器電路的輸出 FFT 分析

4-10　使用射極接地和集極互補交連的電晶體電功率放大器

圖 4-33 為使用射極接地放大器，再串接集極互補交連的電力放大器電路。

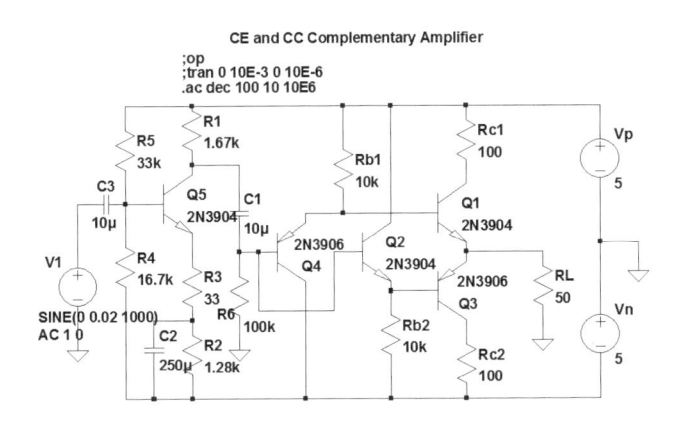

圖 4-33　使用射極接地和集極互補交連的電功力放大電路

當負載 R_L = 50 Ω 時，**LTspice** 的 FFT 分析的結果，如圖 4-34 所示。

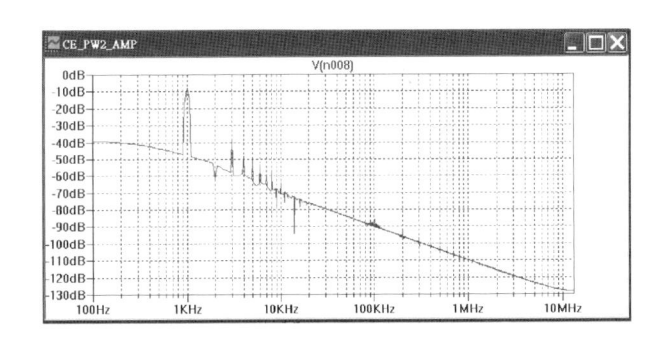

圖 4-34　射極接地和集極互補交連的電功力放大電路的 FFT

4-11　電路的硬體裝置與測試

圖 4-35 是 圖 4-18 與 **Analog Discovery Module** 的接線關係圖。

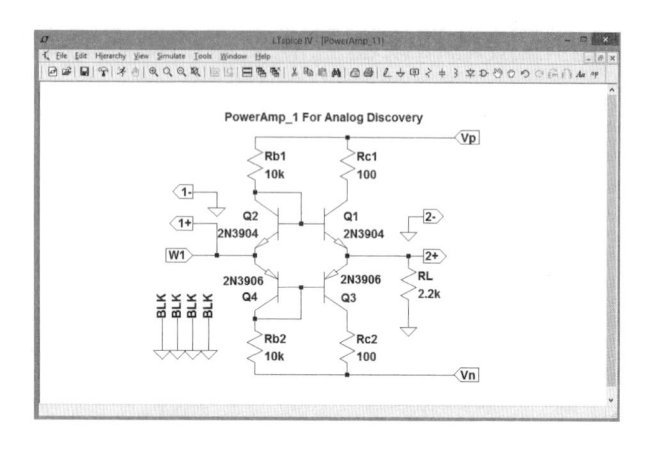

☆ 圖 4-35 ☆　　　圖 4-29 與 Analog Discovery Module 的接線關係圖

　　簡單的低頻電路，如果只為了學習，可以參考附錄 A，使用不需銲接的**麵包板** (Breadboard) 來完成，如圖 4-36 便是一個例子。頻率較高或比較複雜的電路，應當把電路裝配在接地良好，使用銲接的電路板上。

☆ 圖 4-36 ☆　　　裝置在使用麵包板上的電晶體電功率放大器電路

Analog Discovery Module，連同裝上了 Waveform 軟體的 PC，形成了多件由軟體操控的硬體儀器。點擊 Analog 部份的 Voltage，如圖 4-37 所示。這 2 個 5 V 電源，可以 ON 或 OFF 軟體控制。

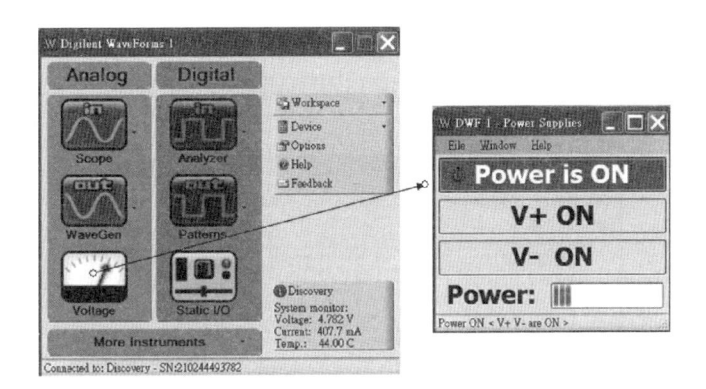

第四章　放大器的串連和輸入輸出電阻的測量　67

🔹 圖 4-37 🔹　　　Analog Discovery Module 的 2 個可 ON 或 OFF 的電源

使用 V_{be} 補償，電晶體電功率放大器電路，需要一個 1 KHz、3.0 V、0 offset 電壓輸入訊號。點擊 Analog 部份的 OUT，由 Analog Discovery 中 2 個波形產生器中的 W1 個來提供。如圖 4-38 所示。

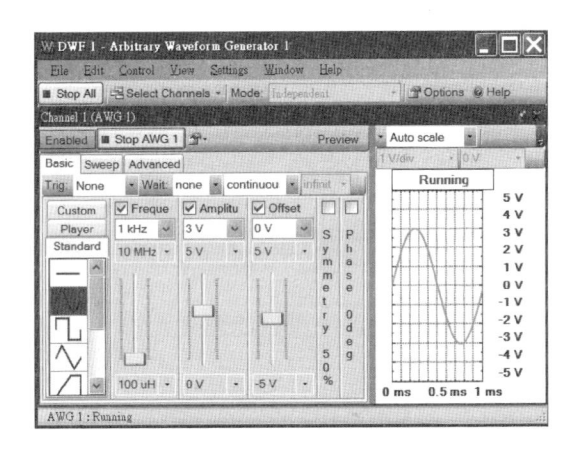

🔹 圖 4-38 🔹　　　Analog Discovery 的 W1 提供電路的輸入訊號

電晶體電功率放大器電路的輸出波形，需要用一個有 2 個頻道的示波器來測量。點擊 Analog 部份的 IN，Analog Discovery 便提供一個有 2 個頻道的示波器，其中一個 1⁺ 連接到訊號輸入，另外一個 2⁺ 連接到訊號輸出，1⁻ 和 2⁻ 則接地。輸入和輸出的波形如圖 4-39 所示。

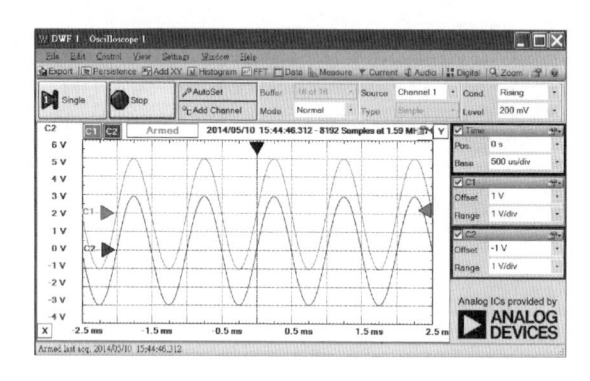

圖 4-39　示波器對電路輸入和輸出波形的測量

Waveforms 的 More Instruments 中有一個稱謂 Network Analyzer 的，它能夠對硬體做 Bode Plot，相同於軟體 LTspice 的交流訊號分析的測試。如圖 4-40 所示。Bode Plot 的 Magnitude 顯示頻率響應的強度，用 dB 來表示。Phase 指的是輸出和輸入之間的相位差。圖 4-40 的特性曲線，顯示電壓在輸出和輸入完全相同。輸入和輸出相位在 10 Hz 到 100 KHz 內也完全一樣。

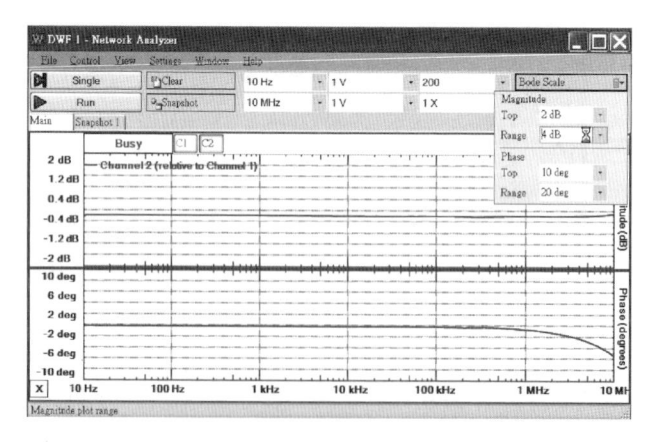

圖 4-40　電晶體電功率放大器電路網路分析的結果

More Instruments 還有一個稱謂 **Spectrum Analyzer** 頻譜儀，它能夠做硬體的 FFT 分析工作，如圖 4-41 所示。它的 **Frequency Range** 因為輸入為 1 KHz，所以應選用 10 KHz to 24.42 Hz 這一檔。在 **Frequency** 項目中 **Center** 選用 2.5 KHz，**Span** 選用 5 KHz。這樣便可以查看是否有 1 KHz 的偶次 2 KHz 和奇次 3 KHz 的副波。從圖 4-41 測試的結果，可以看到輸出訊號沒有任何副波的出現。

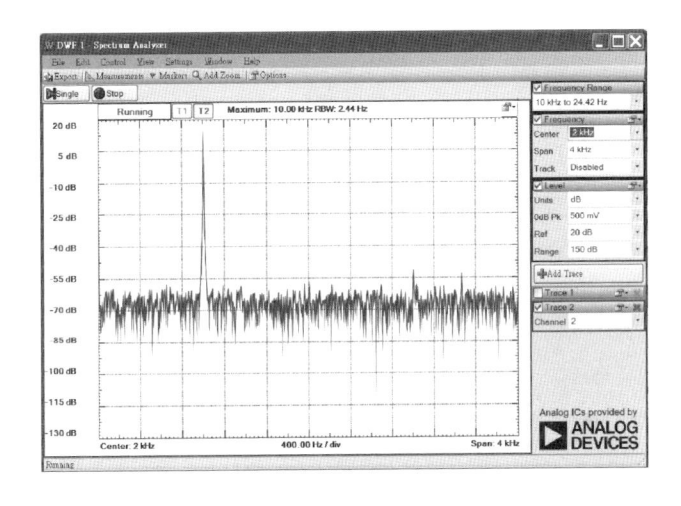

圖 4-41　頻譜儀對電晶體電功率放大器測試的結果

4-12 課外練習

(1) 試用 LTspice 的 AC Analysis 來測試圖 4-3 射極接地放大器 100 Hz～10 MHz 範圍內的輸出電阻。

(2) 試用 LTspice 測試圖 4-29 和圖 4-31 二個電晶體電功率放大器電路，在輸入訊號為 1 KHz 時，它們的輸入和輸出電阻的阻值。

(3) 試將圖 4-33 電路實作。並完成以下各項測試：

　　A. 完成 LTspice 的各項測試。

　　B. 完成 Analog Discovery 的各項測試。

　　C. 比較 A、B 二項測試，如有相異處，試述其原因和改善的方法。

(4) 試用 LTspice 測量並比較圖 4-24 和圖 4-27 串接放大器的輸入和輸出電阻的大小。和 AC Analysis 的結果。

第五章 差動型放大器和電流源

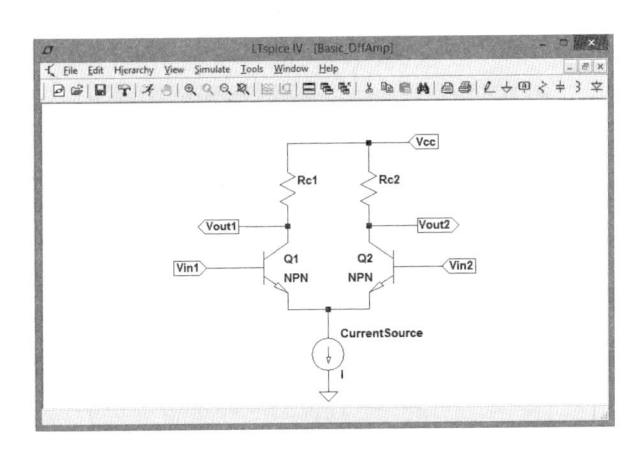

差動型放大器是由二只電晶體 Q_1、Q_2，負載電阻 R_{c_1}、R_{c_2} 和電流源 I 所構成，如圖 5-1 所示。其中電流源 I，不像一般電子零件，立即可以購得。而必須由另外的電晶體電路，組合而成。

圖 5-1　基本差動型放大器的構成

● 5-1　簡單的電流源電路

圖 5-2 是一個最簡單的電流源電路，它由電晶體 Q_1、Q_2 和電阻 R_{ref} 所組成，Q_1 的集極和基極連結成為一只二極體，再跟 R_{ref} 和 V_{ref} 串連起來。如果二極體的電壓降 $V_{diode} = 0.65\ V$、$V_{ref} = 5\ V$、和 $R_{ref} = 2,175\ \Omega$。則串連電路的電流 $I_{ref} = (5 - 0.65) / 2,175 = 2\ mA$。電晶體 Q_2 部份則直接跟可變電壓 V_{in} 相串連。

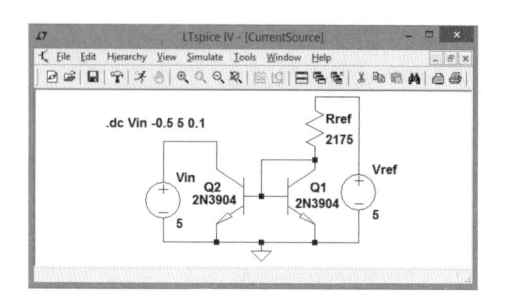

◎ 圖 5-2 ◎　　簡單的電流源電路

使用 LTspice 的直流掃描，設定的步驟是 **Simulate>>DC sweep** 將 V_{in} 由 –0.5 V 直線間隔由 0.1 V 漸進至 5 V 如下圖所示。

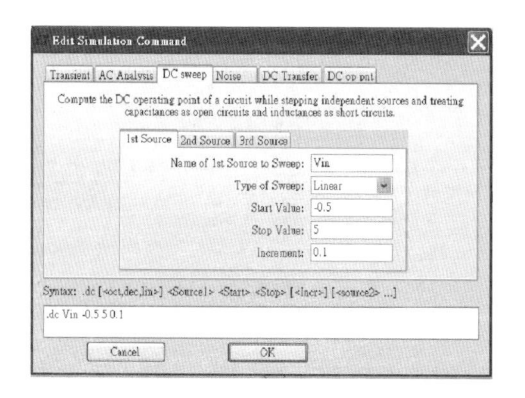

再觀察和 $I_c(Q_2)$ 電流和 $I(R_{ref})$ 對 V_{in} 的關係。如圖 5-3 所示。

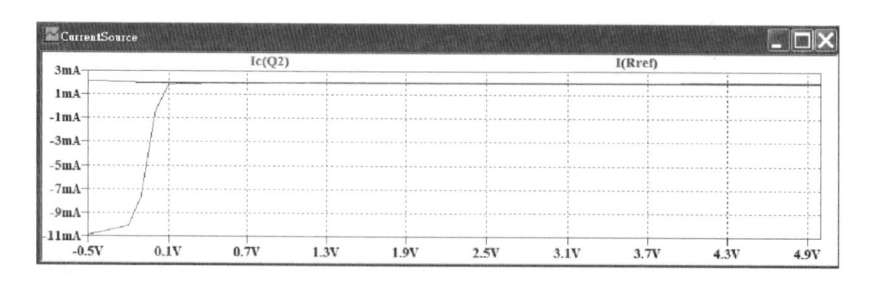

◎ 圖 5-3 ◎　　簡單的電流源電路中 $I_c(Q_2)$、$I(R_{ref})$ 與 V_{in} 的關係

從圖 5-3 可以看出電晶體 Q_2 的集極電流 $I_c(Q_2)$ 幾乎不受 V_{in} 電壓改變的影響，$I_c(Q_2)$ 成為 2 mA 的電流源。電流的大小，由 V_{ref} 和 R_{ref} 的大小所控制。

電流源的內阻 $R_z = \Delta V/\Delta I$，ΔI 幾乎不變，也就是幾乎等於 0，因而 R_z 也就幾乎等於無限大 ∞。這個特點，常被用在電路的負載設計上。

5-2 完整的差動型放大器電路

結合圖 5-1 和圖 5-2，成為圖 5-4 完整的差動型放大器電路。

對於 R_{c_1}、R_{c_2}、和 R_{ref} 電阻阻值的計算，除了電流源的數值，也就是 Q_1、Q_2、合起來的 I_e、V_p，和 V_n 之外。還跟所選用的電晶體的 V_{af} 有關，這個數值要從電晶體的 SPICE Model 中取得如圖下所示，Philips 的 2N3904，V_{af} 的數值為 100 [註1]。

```
.model 2N3904 NPN(IS=1E-14 VAF=100
+ Bf=300 IKF=0.4 XTB=1.5 BR=4
+ CJC=4E-12 CJE=8E-12 RB=20 RC=0.1 RE=0.1
+ TR=250E-9 TF=350E-12 ITF=1 VTF=2 XTF=3
+ Vceo=40 Icrating=200m mfg=Philips)
```

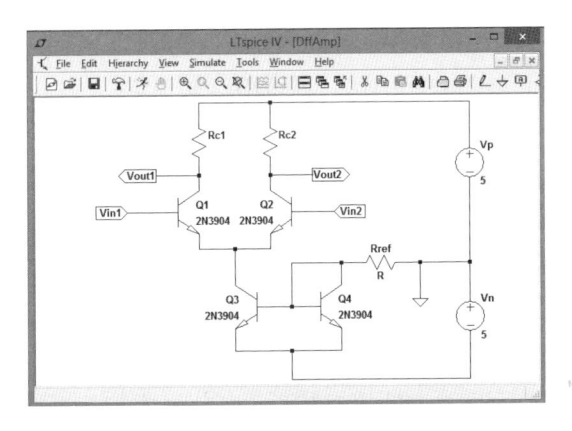

◌ 圖 5-4　　完整的差動型放大器電路

註1　2N3904 Model 請參考 LTspice4\lib\cmp

求取 R_{ref}、R_{c_1} 和 R_{c_2} 的 C++ Program 如下圖 5-5 所示。

```
// Differential Amplifier Design
# include <iostream>
#include <cstdlib>
using namespace std;

int main (int argc, char *argv[])
{
    float Ie, Vn, Rref, Ad, Ic1, gm, Xo, Vp, Rc1max, Vaf, ro, Rc1, Rc2;

    cout << "step 1: Please input the value of Ie in Amperes." << endl;
    cin >> Ie;
    cout << "step 2: Please input the value of Vn in Volts." << endl;
    cin >> Vn;
        Rref = (Vn-0.65)/Ie;
    cout << "the value of Rref is equal to " << Rref << " Ohms" << endl;
    cout << "step 3: Please input the value of differential gain Ad." << endl;
    cin >> Ad;
        Ic1 = Ie/2;  gm = Ic1/0.026;  Xo = Ad/gm;
    cout << "step 4: Please input the value of Vp in Volts." << endl;
    cin >> Vp;
        Rc1max = Vp/Ie;
    cout << "the value of Rc1max is equal to " << Rc1max << " Ohms" << endl;
    cout << "step 5: Please input the value of transistors Vaf in Volts." << endl;
    cin >> Vaf;
        ro = Vaf/Ic1;  Rc1 = (ro*Xo)/(ro-Xo);
    cout << "the value of Rc1 and Rc2 is equal to " << Rc1 << " Ohms" << endl;
    system("pause");
    return 0;
}
```

圖 5-5 差動型放大器求取 R_{ref}、R_{c_1} 和 R_{c_2} 的 C++ Program

其中 V_p、V_n 使用其絕對值，A_d 為放大器的差動放大率，合理範圍當在 100 之內。如果得出來的結果，R_{c1} 和 R_{c12} 電阻值大於 $R_{c1\max}$，則代表電路的條件無法達到 A_d 的設定值，要減少一點才行。

```
step 1: Please input the value of Ie in Amperes.
2e-3
step 2: Please input the value of Vn in Volts.
5
the value of Rref is equal to 2175 Ohms
step 3: Please input the value of differential gain Ad.
50
step 4: Please input the value of Vp in Volts.
5
the value of Rc1max is equal to 2500 Ohms
step 5: Please input the value of transistors Vaf in Volts.
100
the value of Rc1 and Rc2 is equal to 1317.12 Ohms
請按任意鍵繼續 . . .
```

圖 5-6 執行 C++ Program 求取 R_{ref}、R_{c_1} 和 R_{c_2} 的結果

5-3 差動型放大器電路的模擬測試

圖 5-7 為差動型放大器電路的模擬測試電路。

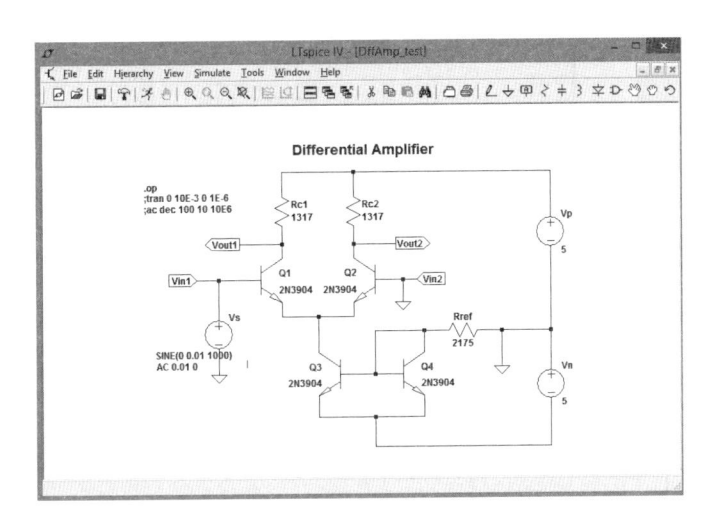

圖 5-7　差動型放大器電路的模擬測試

5-3.1 直流工作點測試 (DC Operating Point Test)

首先要做的是 .OP 電路的直流工作點測試，結果如圖 5-8。這裏要查證的是 $I(R_{ref})$ = 1.989 mA 和 $I_c(Q_3)$ = 2.049 mA 是不是跟設計的 2 mA 相接近？還有 $V(v_{out1})$ = 3.649 V 和 $V(v_{out2})$ = 3.649 V 是不是相同？$I(R_{c_1})$ = 1.020、是不是跟 $I(R_{c_2})$ = 1.020 一樣？它們必須要誤差在 1% 之內。

5-3.2 瞬態 (Transient)

差動型放大器電路，跟一般單端接地的電路不同，它有二個輸入端 V_{in1} 和 V_{in2}，二個輸出端 V_{out1} 和 V_{out2}。它可以做一般的單端接地式的輸入或輸出。也可以做雙端不接地式的輸入或輸出。圖 5-9 為單端接地輸入和輸出所得到的瞬態分析的波形。

```
* D:\My Documents\Desktop\iLAB\iLAB_Ch05\DffAmp_test.asc
    --- Operating Point ---
V(vout1):       3.65566         voltage
V(vin1):        0               voltage
V(n002):        -0.654953       voltage
V(vout2):       3.65566         voltage
V(n001):        5               voltage
V(n003):        -4.32681        voltage
V(n005):        -5              voltage
Ic(Q4):         0.0019761       device_current
Ib(Q4):         6.61954e-006    device_current
Ie(Q4):         -0.00198272     device_current
Ic(Q3):         0.00204809      device_current
Ib(Q3):         6.61771e-006    device_current
Ie(Q3):         -0.00205471     device_current
Ic(Q2):         0.00102076      device_current
Ib(Q2):         3.2906e-006     device_current
Ie(Q2):         -0.00102405     device_current
Ic(Q1):         0.00102076      device_current
Ib(Q1):         3.2906e-006     device_current
Ie(Q1):         -0.00102405     device_current
I(Rref):        0.00198934      device_current
I(Rc2):         0.00102076      device_current
I(Rc1):         0.00102076      device_current
I(Vs):          -3.2906e-006    device_current
I(Vn):          -0.00403743     device_current
I(Vp):          -0.00204151     device_current
```

圖 5-8　差動型放大器電路直流工作點測試的結果

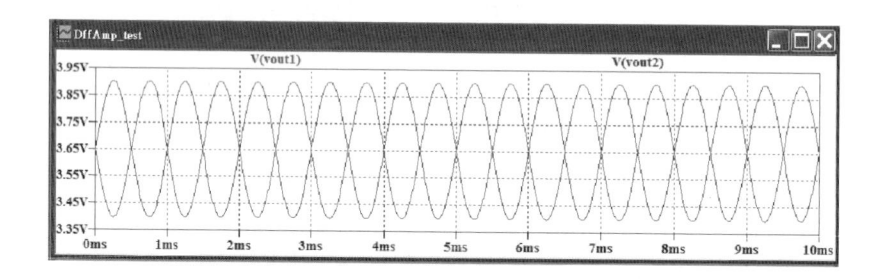

圖 5-9　差動型放大器電路單端接地輸入和輸出瞬態測試的結果

　　圖 5-10 是放大器單端接地輸入，和差動式雙端不接地輸出 $V(V_{out1})$ − $V(V_{out2})$ 的瞬態波形。**LTspice Simulator** 顯示多個波形加減的方法，請參考本章的 (註2)。

註2　**LTspice Simulator** 顯示多個波形加減的方法：

　　以 **AC Analysis** 為例，在 **AC Analysis** 的 **Display Window** 上，右擊上面的 $V(V_{out1})$，

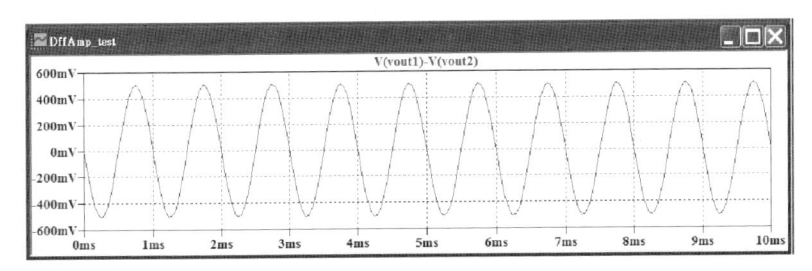

第五章　差動型放大器和電流源　　77

圖 5-10　　差動型放大器電路 $V(V_{out1}) - V(V_{out2})$ 瞬態測試的結果

會有 **Expression Editor Windows** 的出現，如下左圖所示。

然後在該視窗的 $V(V_{out1})$ 旁加入 $-V(V_{out2})$。如下右圖所示。請注意，$V(V_{out1})$ 顯示的強度為 -11.85 dB。

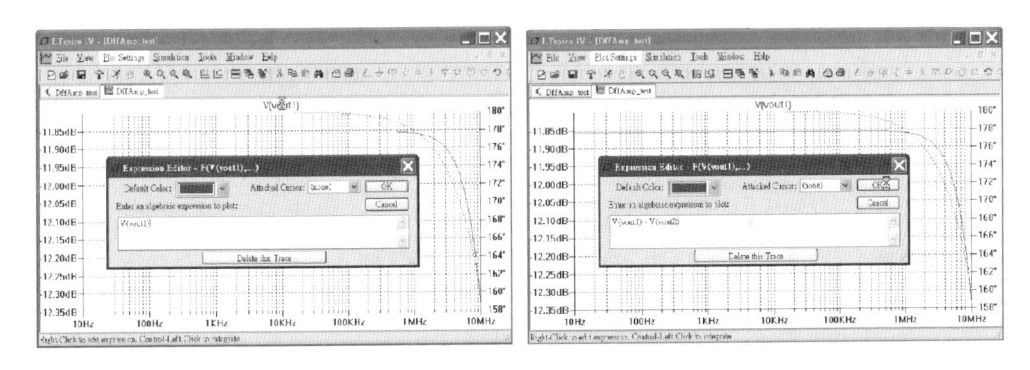

點擊 **Expression Editor Window** 右上角的 **OK**，**DffAmp_test** 視窗所顯示的 $V(V_{out1}) - V(V_{out2})$ 的強度為 -5.85 dB。比原先 $V(V_{out1})$ 的強度 -11.85 dB 增加了 6 dB。如下圖所示。

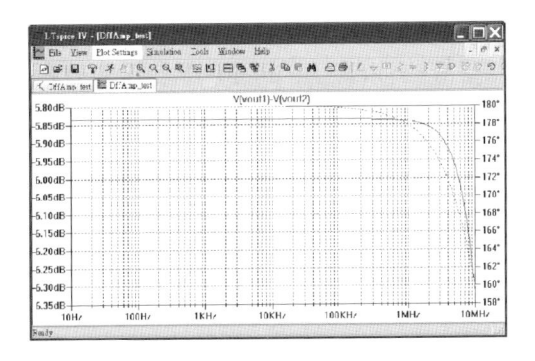

差動型放大器電路，因為有二個輸入，所以能連接成**共模** (Common Mode) 輸入，將 V_{in1} 和 V_{in2} 加入同樣的輸入信號，這時候的 $V(V_{out1})$ − $V(V_{out2})$ 應當接近為 0，瞬態測試的結果如圖 5-11 所示，也證實為 0。

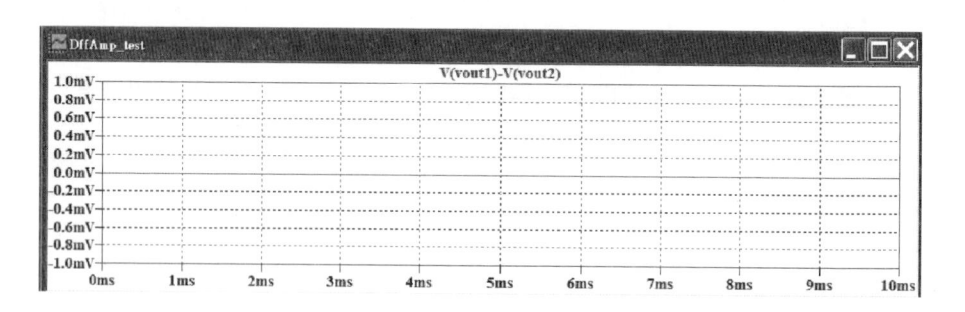

圖 5-11 共模型輸入時電路 $V(V_{out1})$ − $V(V_{out2})$ 瞬態測試的結果

由於 Q_1、Q_2、使用完全相同的 2N3904 Spice Model，R_{c1} 和 R_{c2} 也是完全相同的電阻，所以圖 5-11 所顯示的 $V(V_{out1})$ − $V(V_{out2})$ 輸出為 0，差動型 $V(V_{out1})$ − $V(V_{out2})$ 與共模型 $V(V_{out1})$ − $V(V_{out2})$ 的比，又稱為 **Common Mode Rejection Ratio** 用 dB 來表示。假如共模型 $V(V_{out1})$ − $V(V_{out2})$ = 0，CMRR 將為無限大。硬體實作電路上，共模型的輸出電壓，不可能為 0，而是在 μV 與 mV 之間。這個可以避免同相雜信干擾的特性，被廣泛地用在平衡式輸送的設計上。

5-3.3 波形的分析 (FFT Analysis)

圖 5-12 為放大器電路 $V(V_{out1})$ 的 FFT 波形的分析，電路的偶次副波沒有了，第 3 第 5 等奇次副波，則較明顯。這是差動型和推挽式電路的特點。

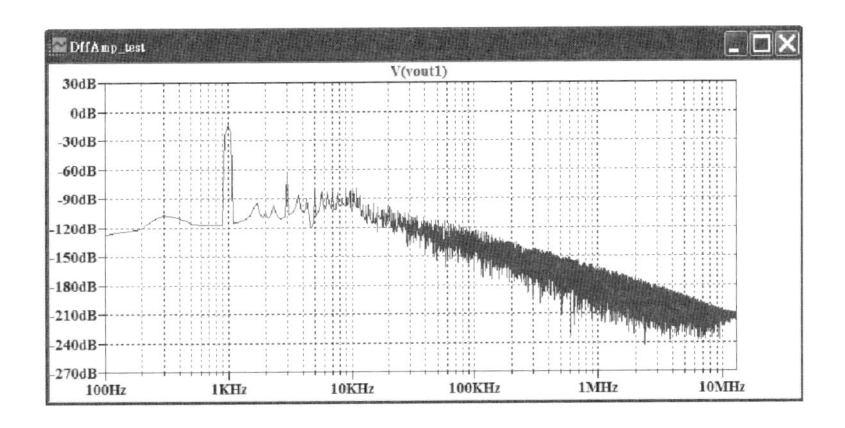

第五章　差動型放大器和電流源　79

◯ 圖 5-12 ◯　　差動型放大器電路 $V(V_{out1})$ 的 FFT 波形的分析

5-3.4　交流分析 (AC Analysis)

由於輸入和輸出沒有使用電容器來做交連，所以交流分析所顯示的低頻效應特別好。

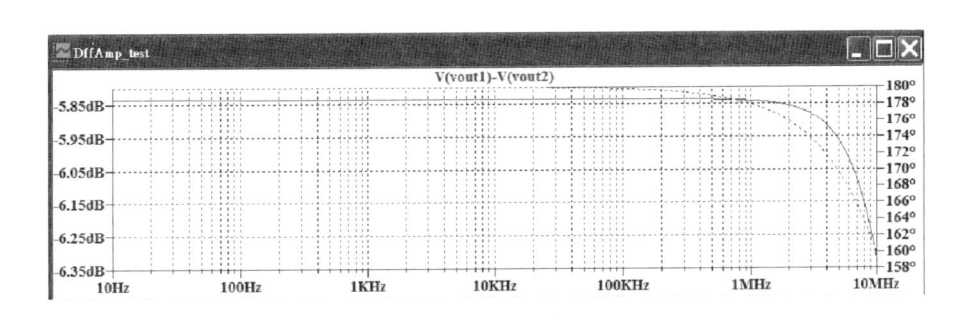

◯ 圖 5-13 ◯　　差動型放大器電路交流分析所顯示的頻率效應

◯ 5-4　電路的硬體裝置與測試

圖 5-14 為差動型放大器電路與 Analog Discovery 的實作連線。

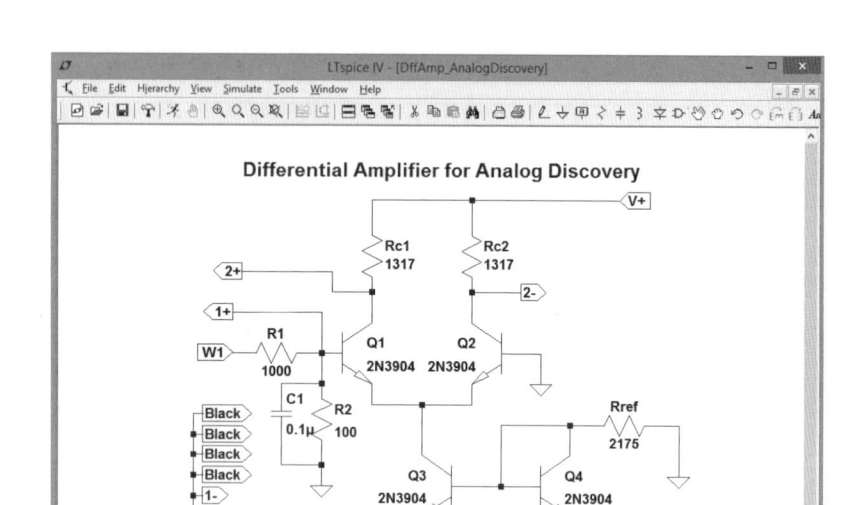

圖 5-14　差動型放大器電路與 Analog Discovery 的實作連線

　　使用 **Analog Discovery Module** 的波形產生器 W_1 或 W_2，因為它的輸出頻寬非常寬廣，附帶而來的頻寬雜訊自然也很高。如果實作所需的輸入訊號，為很低的 mV。為了提高輸入訊號的訊號對雜訊的比例，可以在波形產生器和放大器之間插入如圖 5-15 R_1、R_2 和 C_1 組成的高頻衰減濾波器。

圖 5-15　裝置在麵包板上的差動型放大器電路

第五章　差動型放大器和電流源　81

Analog Discovery Module，連同裝上了 **Waveform** 軟體的 **PC**，形成了多件由軟體操控的硬體儀器。點擊 **Analog** 部份的 **Voltage**，如圖 5-16 所示。這 2 個 5 V 電源，可以 **ON** 或 **OFF** 軟體控制。

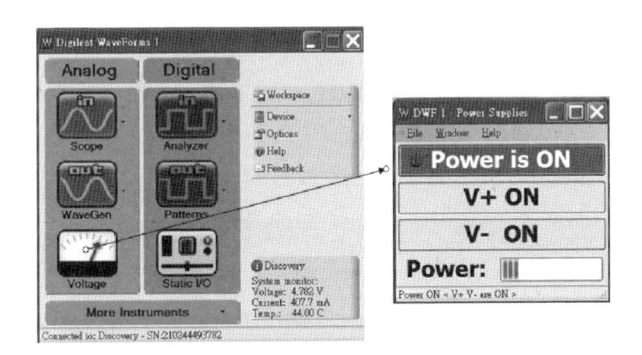

　　圖 5-16　　Analog Discovery 的 2 個可 ON 或 OFF 的電源

由於圖 5-14 插入了 R_1、R_2 和 C_1 組成的高頻衰減濾波器。所以 W_1 訊號產生器的 **Amplitude** 應選用 300 mV，正弦波，和 1 KHz。

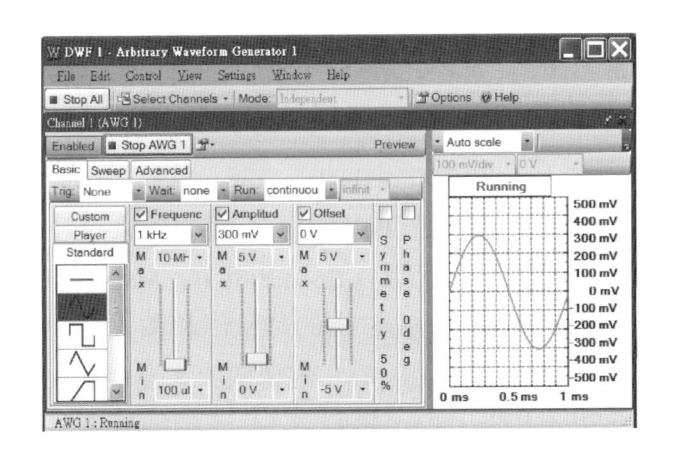

　　圖 5-17　　W_1 訊號產生器提供電路的輸入訊號

圖 5-14 差動型放大器的輸出波形，需要用一個有 2 個頻道的示波器

來測量。點擊 Analog 部份的 IN，Analog Discovery 便提供一個有 2 個頻道的示波器，其中一個 1⁺ 連接到訊號輸入，1⁻ 接地。另外一個 2⁺ 連接到 Q_1 的集極。2⁻ 不接地，而接到 Q_2 的集極。這樣的連接方式，稱為差動式連接，或浮動式連接。是測試差動型放大器，最簡單和直接的方法。其中頻道 1，C_1 所顯示的 **Range** 為 10 mV/div。頻道 2，C_2 所顯示的 **Range** 為 500 mV/div。所以可以估計，該差動型放大器的增益 **Gain**，約為 $C_2/C_1 = 500/10 = 50$。

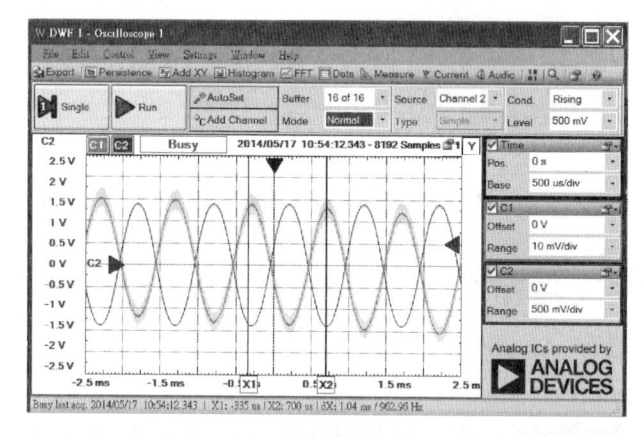

◎ 圖 5-18 ◎　　　示波器對電路輸入和輸出波形的測量

Digilent Waveforms 的 **More Instruments** 中有一個稱謂 **Network Analyzer** 的，它能夠對硬體做 **Bode Plot**，相同於軟體 **LTspice** 的交流訊號分析的測試。如圖 5-19 所示。**Bode Plot** 的 **Magnitude** 顯示頻率響應的強度，用 dB 來表示。**Phase** 指的是輸出和輸入之間的相位差。圖 5-19 的特性曲線。跟圖 5-13 LTspice 差動型放大器電路交流分析，所顯示的頻率效應，大不相同。原因是圖 5-14 差動型放大器電路的前端，被加入了 R_1、R_2 和 C_1 組成的高頻衰減濾波器所致。當 **Network Analyzer** 開始工作時，其它如訊號產生器、示波器等儀器，都會 **Busy** 停止工作。

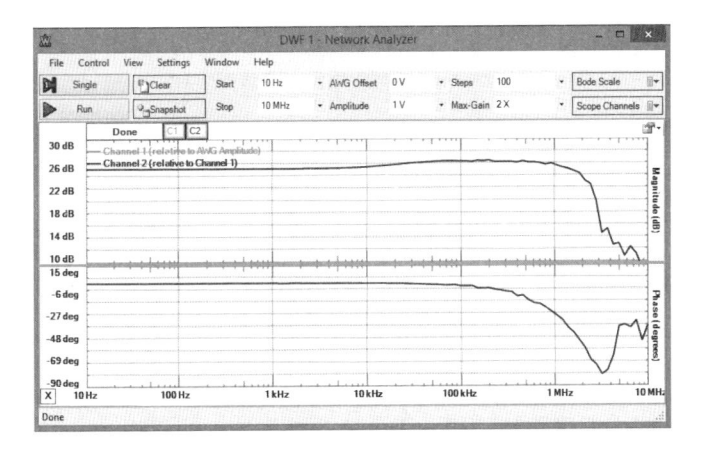

第五章　差動型放大器和電流源　83

◎ 圖 5-19　　Bode Plot 同等於 LTspice 的 AC Analysis

More Instruments 還有一個稱謂 Spectrum Analyzer 頻譜儀，它能夠做硬體的 FFT 分析工作，如圖 5-20 所示。它的 Frequency Range 因為輸入為 1 KHz，所以應選用 **10 KHz to 24.42 Hz** 這一檔。在 Frequency 項目中，**Center** 選用 2.5 KHz，**Span** 選用 5 KHz。這樣便可以查看是否有 1 KHz 的 2 KHz 的偶次和 3 KHz 的奇次副波。從圖上可以看到輸出訊號沒有 2 KHz 和 3 KHz 的副波。

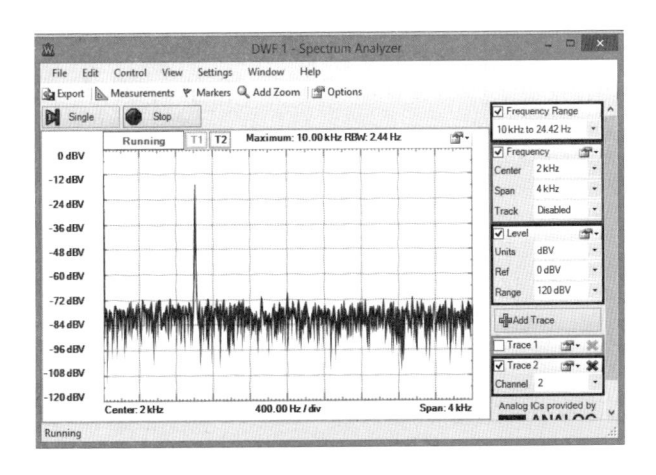

◎ 圖 5-20　　頻譜儀測試差動型放大器的結果

5-5 課外練習

(1) 試將圖 5-7 差動型放大器電路的輸入端，加接如圖 5-14 的 R_1、R_2 和 C_1 組成的高頻衰減濾波器。再用 LTspice 測試電路的 AC Analysis。結果是否會跟圖 5-19 的 Bode Plot 相似？

(2) 差動型放大器電路有二個一正一負的輸入端，和輸出端。在電路設計上，易於完成獨立的正或負回授，試將圖 5-14 的電路改變成 1 KHz 方波產生器。

(3) 差動型放大器電路有二個一正一負的輸入端，如何將 W_1 的訊號產生器產生二個一正一負的訊號來供給它做輸入？

(4) 差動型放大器電路，對共模型輸入，有很大的排拒作用。請問對於第 3 題由 W_1 訊號產生器產生的訊號，有同樣的效能嗎？其原因何在？

(5) 試用 LTspice 測量圖 5-7 差動型放大器電路在頻率 10 Hz～10 MHz 下的輸入及輸出阻抗。

(6) 試設計一個利用差動型放大器電路來推動的 Class B 電功率放大器電路，並用 LTspice 來獲得其 .OP、.TRAN、FFT 和 .AC 的特性。

(7) 如果在圖 5-6 用 C++/Program 計算電路電阻值的時候，出現 Rc_1 和 Rc_2 的阻值大於 Rc_{1max} 時，它代表的是什麼？應當如何來處理？

(8) 試從特性的各方面比較 Common Emitter、Common Collector、Common Base 和 Differential Amplifier。

第六章　運算放大器

運算放大器是線性積體電路 IC 的重要產物，它把使用者所要考慮的電路偏壓，還有其他如：.OP、.Transient、.AC Analysis 等重要因數，全部設計在內。而且為了節省面積，儘量多用電晶體，少用電阻，避免使用電容器。以最簡單的運算放大器如圖 6-1 所示：它是由 Q_4、Q_5 差動型放大器、Q_3 射極接地放大器、Q_9 集極接地放大器等 3 個放大器串聯而成。如圖 6-1 所示。

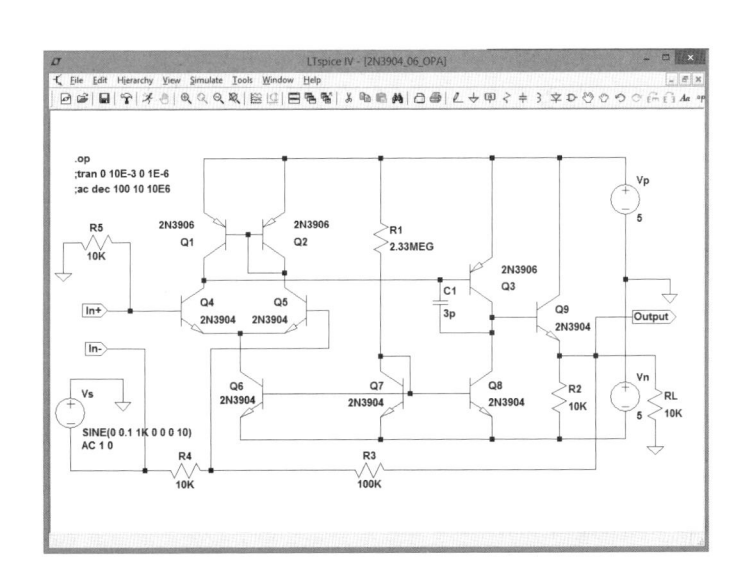

圖 6-1　簡單的運算放大器電路

Q_6、Q_7 作為差動型放大器的電流源。電流源的內阻為無限大，Q_7、Q_8 組成的電流源，用來做射極接地放大器的的負載。同理，Q_1、Q_2 組成的電流源,用來做差動型放大器的的負載。3 個放大器串連所形成的放大率很高,全部直流交連的高頻效應也極好,如果不使用 3 pF 的電容器來降低電路的高頻效應,放大器必然產生如圖 6-2 所產生的**振盪**(Oscllation),這是 Analog 積體電路中必須使用 C_1 的理由[註1]。

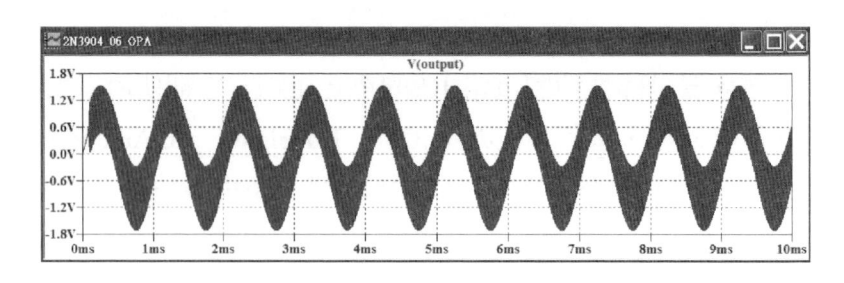

图 6-2 運算放大器產生振盪的波形

加接了 $C_1 = 3$ pF,運算放大器才正常地運作,它的波形,如圖 6-3 所示。

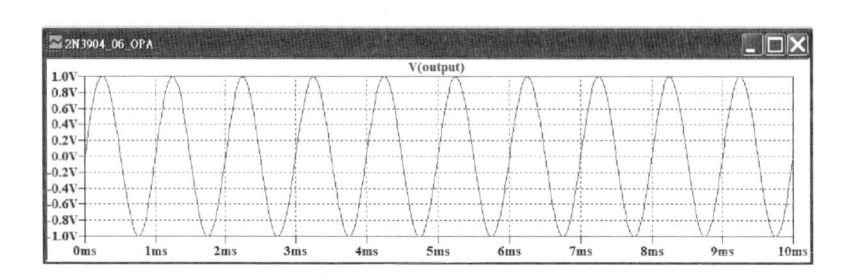

图 6-3 運算放大器正常運作的波形

6-1 TL081 運算放大器

圖 6-1 簡單的運算放大器電路,是做教育示範之用,沒有人會拿 9 只電晶體,組合起來當作運算放大器來使用。當今的商品運算放大器,可供選擇的種類繁多,普通常用的售價,跟單只電晶體差不多。TL081 運算放

[註1] 附上圖 6-1 的 2N3904_06_OPA　LTSpice Model 以供測試。

大器，便是一個例子。圖 6-4 是它的電路結構 [註2]。

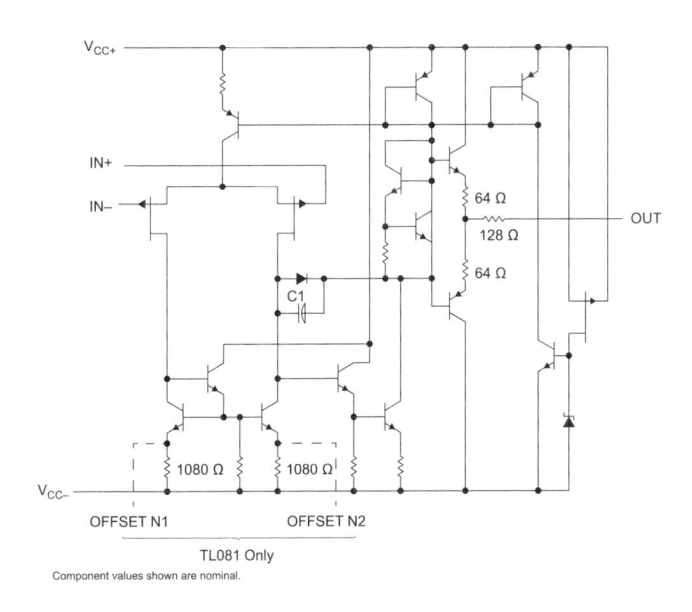

◎ 圖 6-4 ◎　　TL081 運算放大器的電路結構

2 個 TL081 裝在相同的 8 腳裝置的，稱為 TL082，4 個 TL081 裝在相同的 14 腳裝置的，稱為 TL084。如圖 6-5 所示。

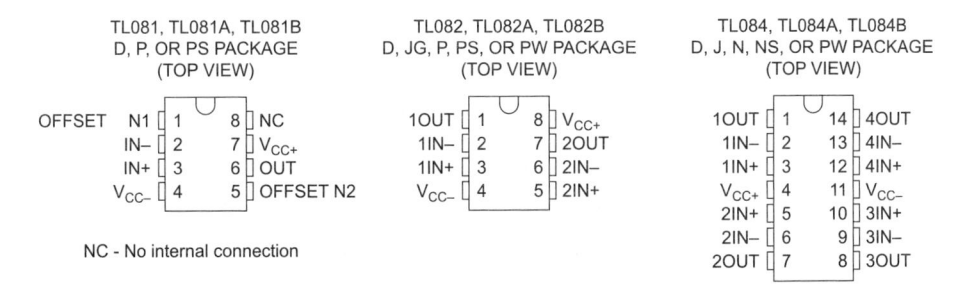

◎ 圖 6-5 ◎　　TL081、082、084 運算放大器的不同裝置

註2　附上 L081 Spice Model 以供測試。

6-2 TL081 運算放大器的基本功能

運算放大器的基本功能，除了放大訊號之外，當然就是能完成多種數學上的計算，例如：加、減、微分、積分、乘和除一個常數。在這一章的測試裏將先對 TL081 的 .OP、.Transient Analysis、FFT 和 .AC Analysis 做一探討。首先要測量的是 TL081 的 Open Loop Gain，也就是沒有回授的開路電壓增益。該數值越大越好，超過 100 dB 是個非常大的數目。但是 –3 dB **頻寬** (Band Width) 卻只有 20 Hz 左右。如圖 6-6 所示。

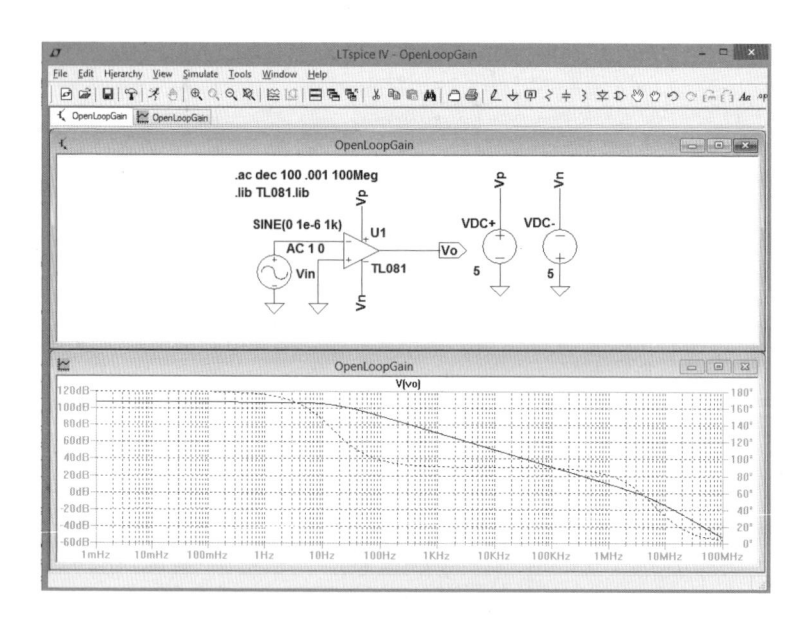

圖 6-6　TL081 的開路電壓增益及頻寬

TL081 的 **Close Loop Gain** 有回授的閉路電壓增益所得到的結果，如圖 6-7 所示，電壓增益為 20 dB，頻寬卻到達 200 KHz。原來一個正常工作的運算放大器，它的 **Gain Bandwidth Products** 增益乘以頻寬是一個常數。

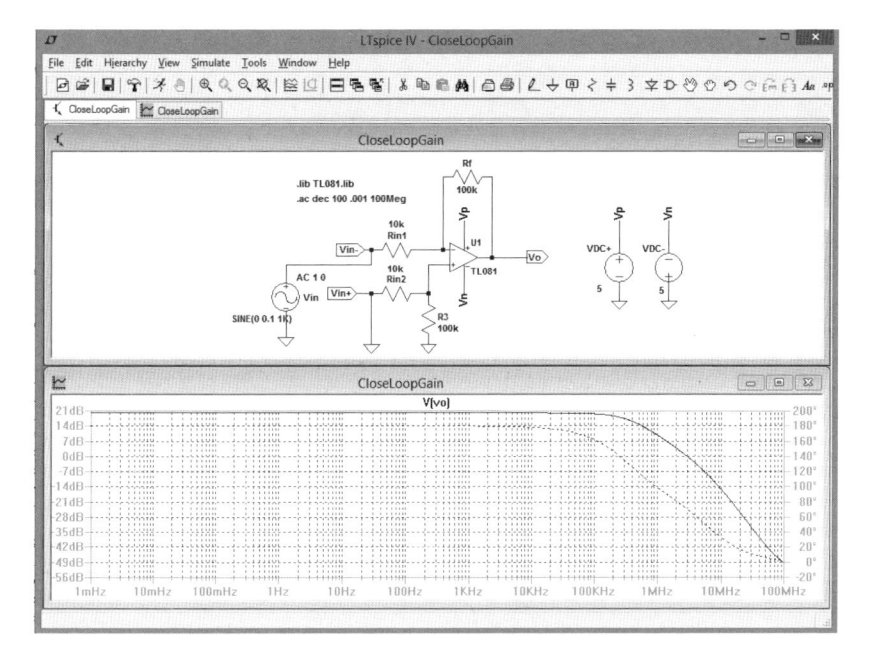

◎ 圖 6-7 ◎　　　TL081 的閉路電壓增益及頻寬

TL081 電壓增益為 20 dB 時，運算放大器各點之直流數值如圖 6-8 所示。

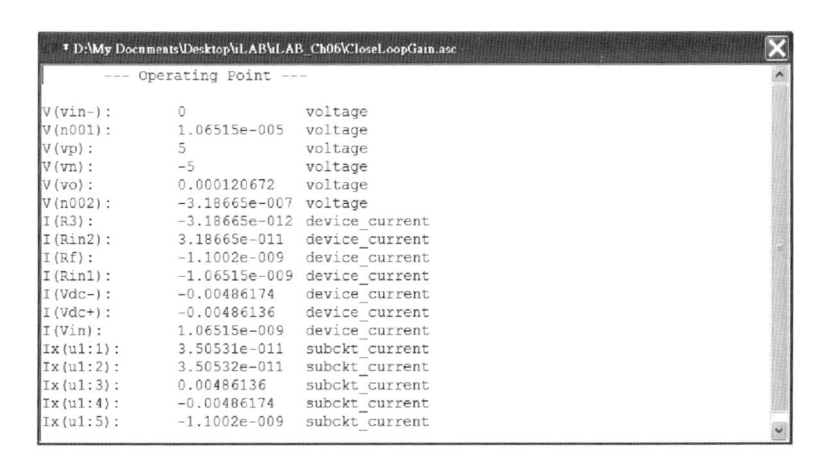

◎ 圖 6-8 ◎　　　TL081 電壓增益為 20 dB 時各點之直流數值

TL081 電壓增益為 20 dB 時運算放大器輸出端的波形如圖 6-9 所示。

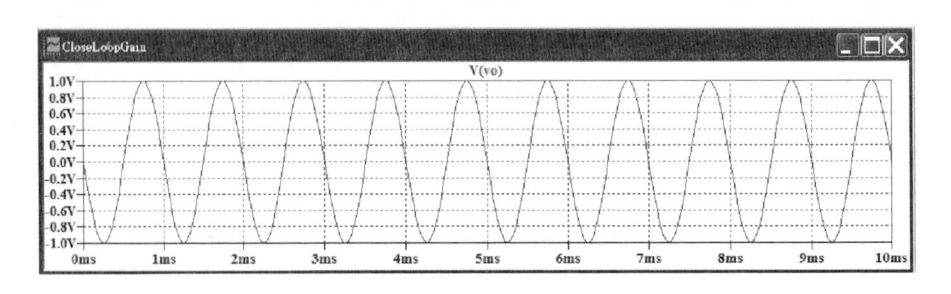

◦ 圖 6-9 ◦　　　TL081 電壓增益為 20 dB 時之輸出波形

TL081 電壓增益為 20 dB 時運算放大器輸出端的 FFT 如圖 6-10 所示。

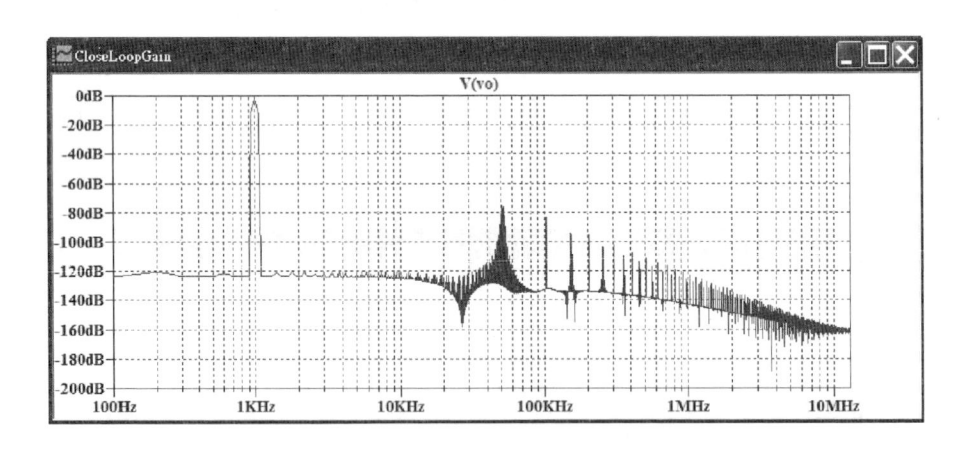

◦ 圖 6-10 ◦　　　TL081 電壓增益為 20 dB 時之輸出 FFT

◎ 6-3　TL081 運算放大器的應用

運算放大器是當今實用電子電路的主要元件之一，應用範圍非常之廣。請參考[註3]及[註4]。本節只介紹它的基本運算部份，其他的留待後續數章中，再詳加說明。

6-3.1 加減器

運算放大器加減器如圖 6-11 所示，它所使用的公式是：

$$V_{\text{out}} = \left(-\frac{V_1 R_f}{R_{\text{in1}}}\right) + \left(-\frac{V_2 R_f}{R_{\text{in2}}}\right)$$

$$= \left[-\frac{(-4 \times 10\,\text{k})}{10\,\text{k}}\right] + \left(-\frac{2 \times 10\,\text{k}}{10\,\text{k}}\right)$$

$$= 4 - 2 = 2\,\text{V}$$

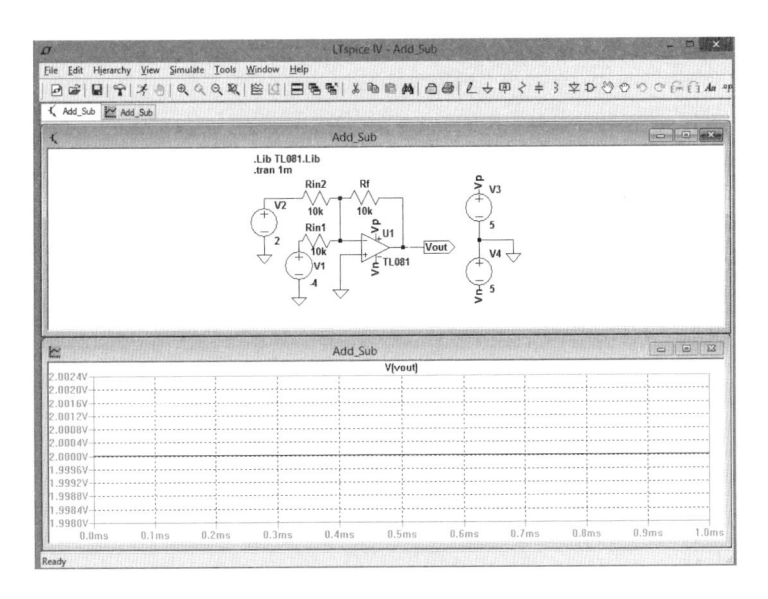

◎ 圖 6-11　運算放大器的加減器電路

[註3]　參考 http://hyperphysics.phy-astr.gsu.edu/hbase/electronic/a741p3.html#c1
[註4]　下載參考德州儀器之 Op Amps for Everyone [PDF]。

要注意的是：運算放大器在這裏所使用的電源 V_p = 5 V、V_n = –5 V，有效的 V_{out} 輸出應當限制在 +3 V 和 –3 V 之間。

6-3.2 常數乘除器

運算放大器常數乘除器，它的常數 k 得自上例中的回授電阻 R_f 除以輸入電阻 R_{in}。$k = R_f / R_{in}$，如果 $k > 1$ 為乘，$k < 1$ 為除。

6-3.3 積分器

運算放大器的積分器電路，如圖 6-12 所示，它的積分時間 t 公式是：

$$t = R_{in} \times C_1$$

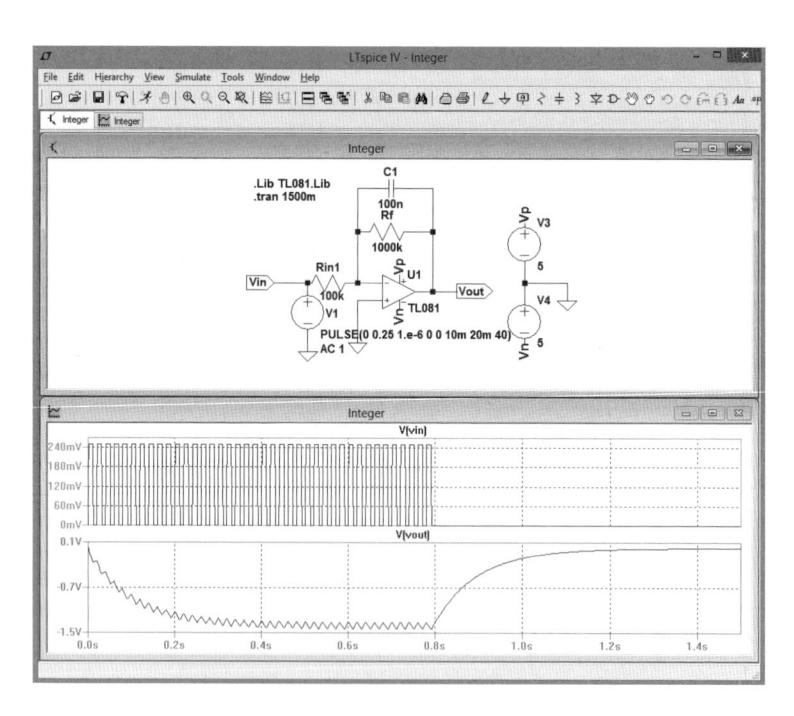

◎ 圖 6-12　　運算放大器的積分器電路

R_f 電阻的存在，為的是使 C_1 積分容電器得以放電，便於觀測。由於運算放大器在這裏所使用的電源 $V_p = 5$ V、$V_n = -5$ V，有效的 V_{out} 輸出應當限制在 +3 V 和 -3 V 之間。

6-3.4 微分器

運算放大器的微分器電路，如圖 6-13 所示，它的微分時間 t 公式是：

$$t = C_1 \times R_f$$

C_2 的存在，為的是避免輸入方波 Step 所引起的振盪。

微分器的輸出脈衝波形寬度，跟輸入方波的**起昇時間** (Rise Time) 和**下降時間** (Fall Time) 有著密切的關係。

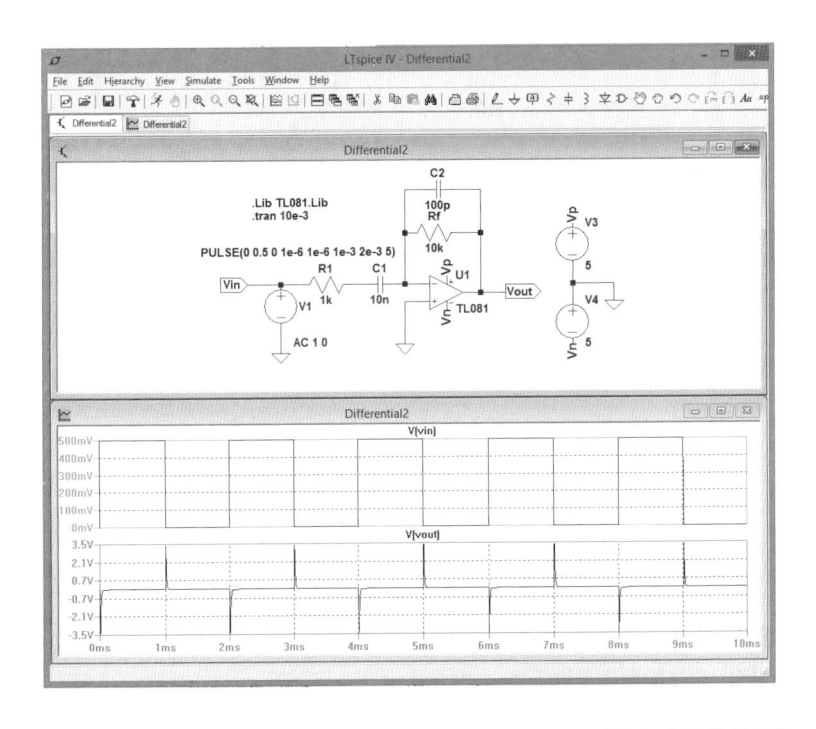

☼ 圖 6-13 ☼　　運算放大器微分器電路輸入和輸出波形的關係

6-4 電路的硬體裝置與測試

運算放大器電路實作的項目有：TL081 電壓增益設定為 20 dB 時的

1. DC Operating Point。
2. I/O Transient。
3. Bode Plot。
4. I/O Spectrum Analysis。

等四項。圖 6-14 為 TL081 運算放大器的實作電路。

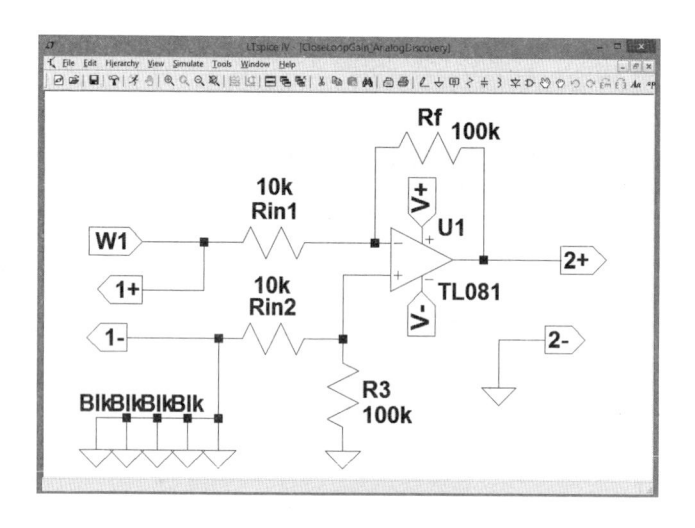

◎ 圖 6-14 　　 為 TL081 運算放大器的實作電路

簡單的低頻電路，如果只為了學習，可以使用不需銲接的**麵包板** (Breadboard) 來完成。頻率較高或比較複雜的電路，應當把電路裝配在接地良好且使用銲接的電路板上。如圖 6-15 所示。

◔ 圖 6-15 ◔　　裝置在使用麵包板上的運算放大器

Analog Discovery Module，連同裝上了 **Waveform** 軟體的 PC，形成了多件由軟體操控的硬體儀器。點擊 **Analog** 部份的 **Voltage**，如圖 6-16 所示。這 2 個 5 V 電源，可以 **ON** 或 **OFF** 軟體控制。

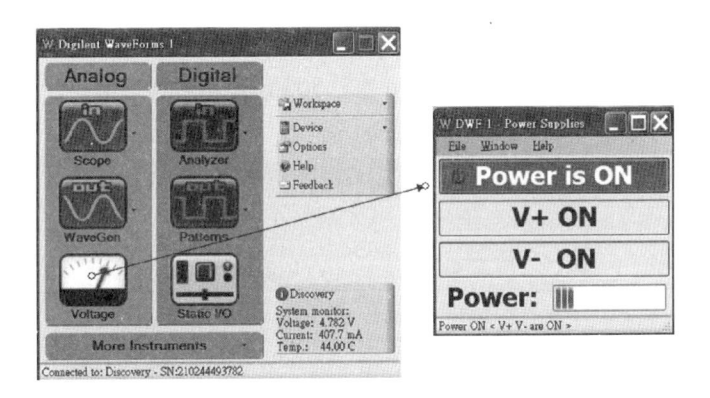

◔ 圖 6-16 ◔　　Analog Discovery 的 2 個可 ON 或 OFF 的電源

運算放大器需要一個 1 KHz、100 mV、0 **offset** 電壓輸入訊號。點擊 **Analog** 部份的 **OUT**，由 **Analog Discovery** 中 2 個波形產生器中的 W_1 來提供。如圖 6-17 所示。

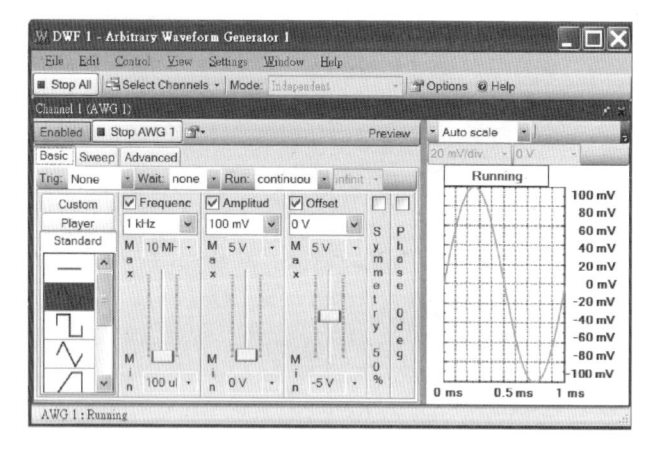

◎ 圖 6-17　　W$_1$ 函數產生器提供電路的輸入訊號

　　運算放大器的輸出波形，需要用一個有 2 個頻道的示波器來測量。點擊 Analog 部份的 IN，Analog Discovery 便提供一個有 2 個頻道的示波器，其中一個 1$^+$ 連接到訊號輸入，另外一個 2$^+$ 連接到訊號輸出，1$^-$ 和 2$^-$ 則接地。放大器的 R$_f$ 和 R$_{in1}$ 比為 10。W$_1$ 輸出為 100 mV。示波器的 C1 Range 為 50 mV/div。C2 Range 為 500 mV/div。

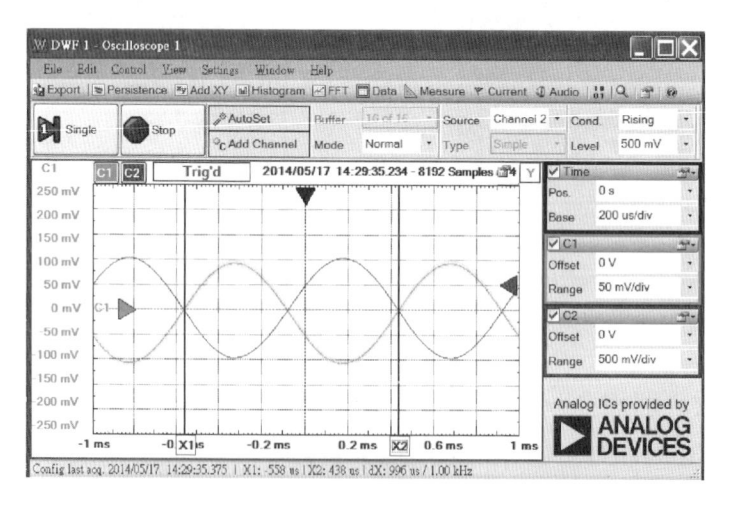

◎ 圖 6-18　　示波器對電路輸入和輸出波形的測量

第六章　運算放大器　97

　　Digilent Waveforms 的 More Instruments 中有一個稱謂 Network Analyzer 的，它能夠對硬體做 Bode Plot，相同於軟體 LTspice 的交流訊號分析的測試。如圖 6-19 所示。Bode Plot 的 Magnitude 顯示頻率響應的強度，用 dB 來表示。Phase 指的是輸出和輸入之間的相位差。圖 6-19 的特性曲線。

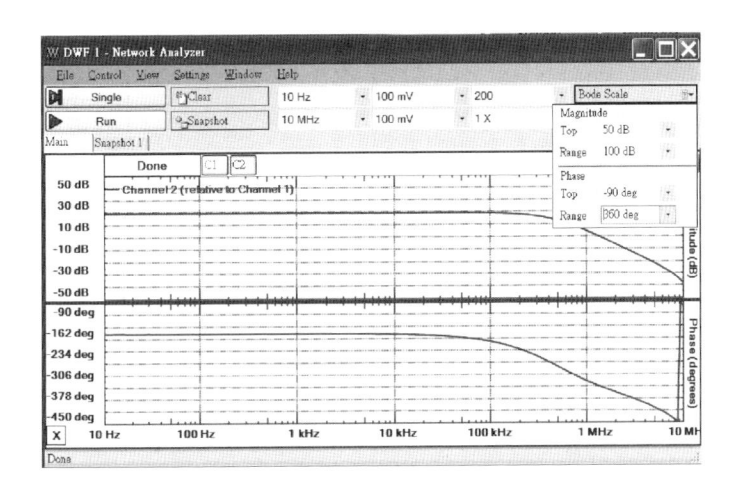

◎ 圖 6-19 ◎　　網路分析相同於 LTspice 的 AC Analysis

　　More Instruments 還有一個稱謂 Spectrum Analyzer 頻譜儀，它能夠做硬體的 FFT 分析工作，如圖 6-20 所示。它的 Frequency Range 因為輸入為 1 KHz，所以應選用 10 KHz to 24.42 Hz 這一檔。在 Frequency 項目中，Center 選用 2.5 KHz，Span 選用 5 KHz。這樣便可以查看是否有 1 KHz 的 2 KHz 的偶次和 3 KHz 的奇次副波。從圖上可以看到輸出訊號沒有 2 KHz 的副波。有較弱的 3 KHz 奇次副波。

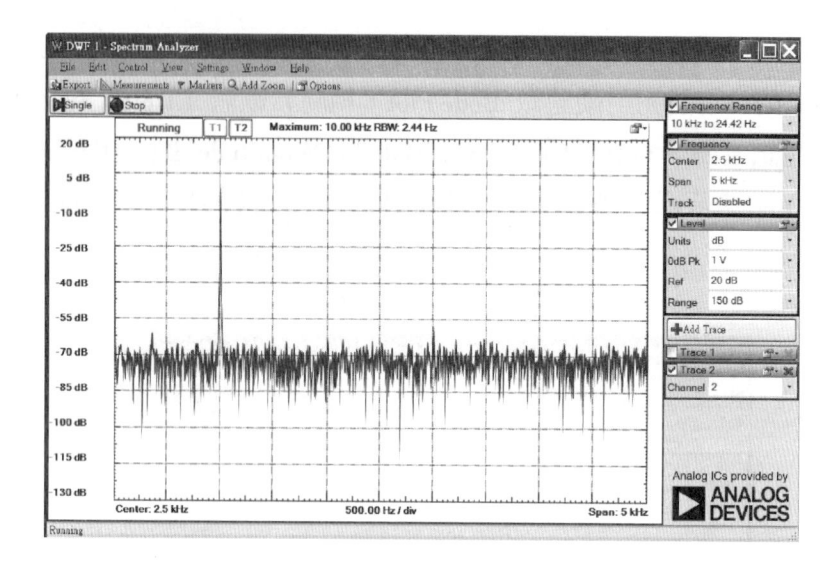

圖 6-20　頻譜儀測試運算放大器輸出波形之頻譜

6-5 課外練習

(1) 何謂運算放大器的 Slew Rate？試從 Slew Rate 比較 LM741 與 TL081。並說明對放大電壓可能的影響。

(2) 假設有電壓 V_1 和 V_2。試設計用一只運算放大器完成 $V_{out} = V_1 - V_2$ 的電路。

(3) 使用 Diode 來取代 TL081 的回授電路的 R_f，如下圖所示。

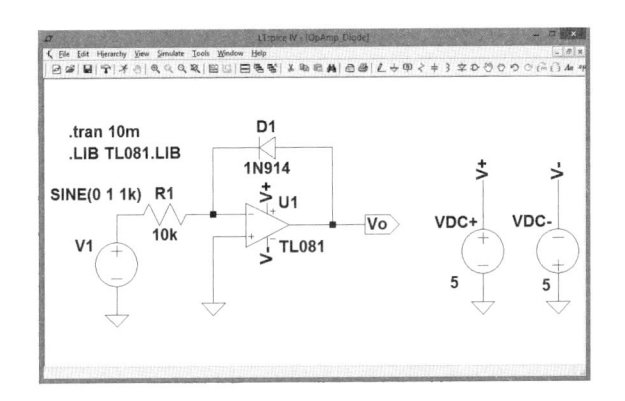

A. 試用 LTspice 完成 Transient Test 並測得 1N914 二端 A、B 之電壓。從用途上，該如何命名該電路。

B. 該電路可使用之頻率範圍？主要受何影響。

(4) 試用單一運算放大器，完成一個頻率可調變的方波產生器。並用 LTspice 測試證實之。

第七章　音頻振盪器

振盪器是由放大器、頻率設定器,和正相回授電路等三組,聯合而成。振盪器的頻率,本章將涉及的僅為音頻範圍內。其中音頻範圍的頻率設定器,是用電阻 R 和電容器 C 來組成。頻率設定器的輸入和輸出間,有衰減的存在。放大器必須有足夠的增益,能抵銷其衰減,振盪才能維持。本章所涉及的頻率設定器,為 180° 和 0° 的音頻頻率相移器。正相回授電路為 TL081 運算放大器。組成的**音頻振盪器**(Oscillator),為相移式振盪器、Wien Bridge 相移器和**正交** (Quadrature) 振盪器等三種。

7-1　180° 音頻頻率相移器

為了配合 TL081 單級運算放大器,它的輸入和輸出相差,必須為 180°。使用電阻 R 和電容器 C,來組成的音頻頻率設定器,它的輸入和輸出,也必須有 180° 的相差。則 180°+180° 才會造成 0° 的正向回授。單級的理想 RC 電路,它的輸入和輸出,最多能產生 90° 相差。照理說,串連二級 RC 電路便可獲得 180° 的相差。其實不然,所以需要三級 RC 電路才能獲得 180° 的相差。如圖 7-1 所示。電路的 180° 相差頻率與 RC 的關係是:

$$f_r = \frac{1}{2\pi RC\sqrt{2N}}$$

公式中:

f_r：為輸出頻率，單位是赫茲 (Hz)

R：為電阻，單位是歐姆 (Ω)

C：為電容，單位是法拉 (F)

N：為 RC 的級數，(N = 3)。

一般設計，是先固定 f_r 和 C，再來計算 R 的歐姆值。因為 R 的選擇比 C 的要來得多。

例

令 f_r = 1 KHz，C = 0.01 μF；

則：
$$R = \frac{1}{15.38 \times 1\text{E}3 \times 0.01\text{E}-6} = 6.5 \text{ K}\Omega$$

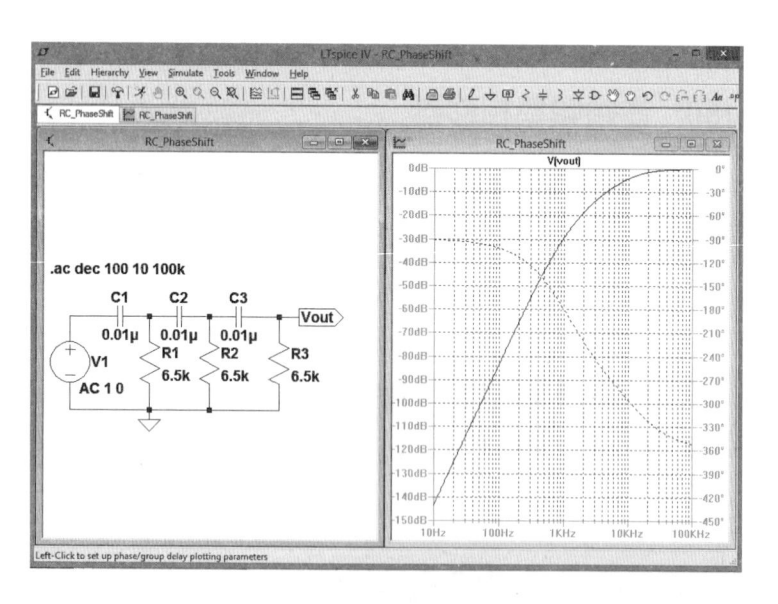

圖 7-1　三級 RC 電路輸出端的相移、衰減與頻率的關係

從圖 7-1 可看到電路輸出端在相移 180° 時的頻率為 1 KHz、衰減為 –30 dB 左右。

7-2　TL081 運算放大器的正回授相移式振盪器

因此，如果使用 TL081 運算放大器，把它的增益 R_f/R_{in} 設定在 +30 dB 以抵銷 –30 dB 的衰減，如圖 7-2 所示。正向回授的結果，必將產生 1 KHz 的正弦波振盪。

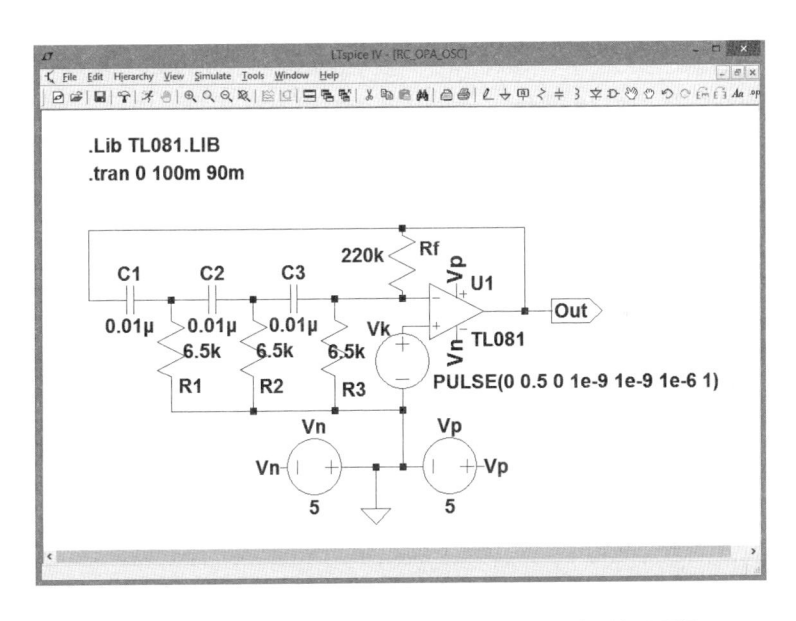

圖 7-2　使用 TL081 正回授相移式振盪器

電路中的 V_k 是一個觸發電壓源，用來代替實體 TL08 本身的雜訊，因為 TL081 的 Spice 模式中，不含這樣的雜訊。如果不加這個 V_k，可能產生不了振盪。圖 7-3 為其所產生的 1 KHz 波形。

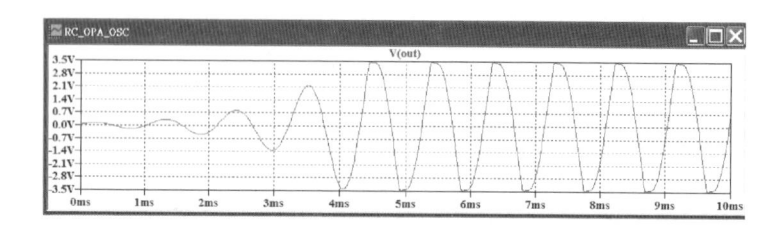

[圖 7-3 示意圖]

◦ 圖 7-3　　TL081 相移式振盪器所產生的 1KHz 波形

　　這個 1 KHz 波形，是一個失真的正弦波形。從圖 7-4 的 FFT 來看，它的頻率也不穩定。失真度低，要靠電路的閉路增益，恰好為 1 來維持。頻率穩定要靠 RC 數值的不變來維持。對於設計簡單的 RC 相移式振盪器來講，具挑戰性。

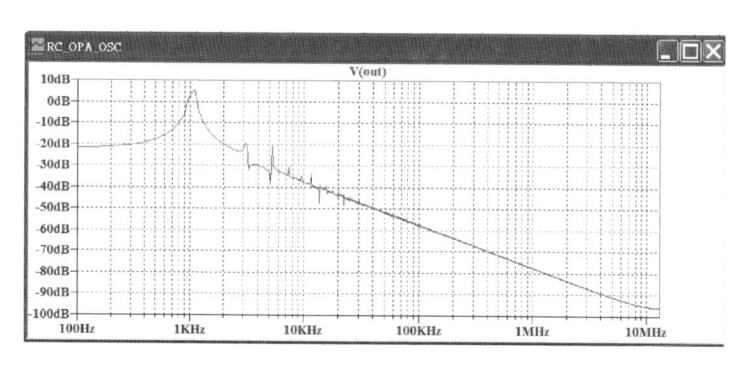

[圖 7-4 FFT 示意圖]

◦ 圖 7-4　　TL081 相移式振盪器所產生的 FFT

7-3　Wien Bridge 相移器

　　Wien Bridge 是一個 0° 的相移器，它的 RC 組成如圖 7-5 所示。相差 0° 時，頻率與 RC 的關係是：

$$f_r = \frac{1}{2\pi RC}$$

第七章 音頻振盪器

f_r：為輸出頻率，單位是赫茲 (Hz)
R：為電阻，單位是歐姆 (Ω)
C：為電容，單位是法拉 (F)。

一般也是先固定 f_r 和 C，再來計算 R 的歐姆值。

例

令 $f_r = 1$ KHz，$C = 0.01$ μF；

則：
$$R = \frac{1}{6.28 \times 1E3 \times 0.01E - 6} = 15.92 \text{ k}\Omega$$

把計算得到的 RC 值，置入圖 7-5 Wien Bridge 電路，做 AC Analysis。圖 7-5 中可看到電路輸出端在相移 0° 時的頻率為 1 KHz、衰減為 –10 dB 左右。

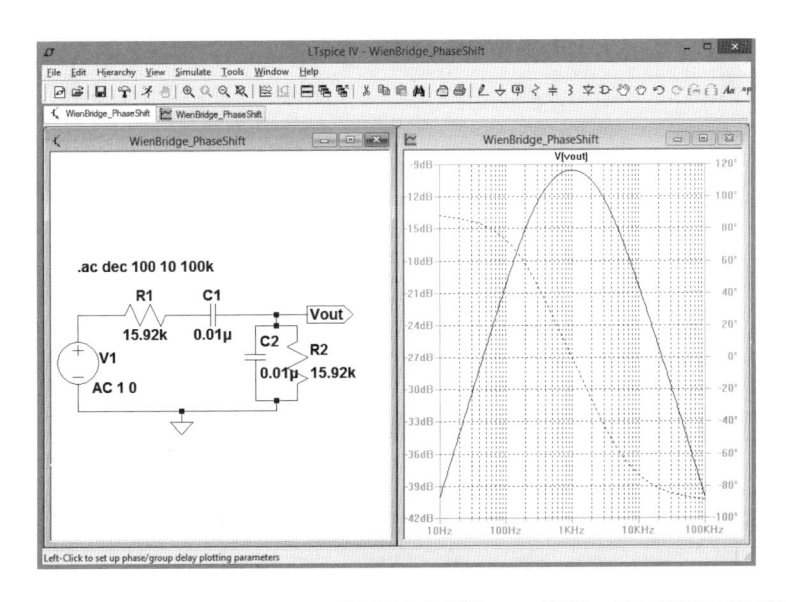

圖 7-5　Wien Bridge 電路輸出端的 0° 相移、衰減與頻率的關係

7-4 TL081 運算放大器 0° 相移的正回授 Wien Bridge 振盪器

因此，如果使用 TL081 運算放大器，把它的增益 R_f/R_{in} 設定在 +10 dB 以抵消那 –10 dB 的衰減，如圖 7-6 所示。必將產生 1 KHz 的振盪波形。電路中的 I_k 是一個觸發電流源，用來代替實體 TL081 本身的雜訊，因為 TL081 的 Spice 模式中，不含這樣的雜訊。如果不加這個 I_k，可能產生不了振盪波形。電流源不同於電壓源，當電流為 0 時，內阻為無限大。能夠跟電路並連，當觸發完成之後，不會再影響電路。圖 7-7 為電路所產生的 1 KHz 波形。

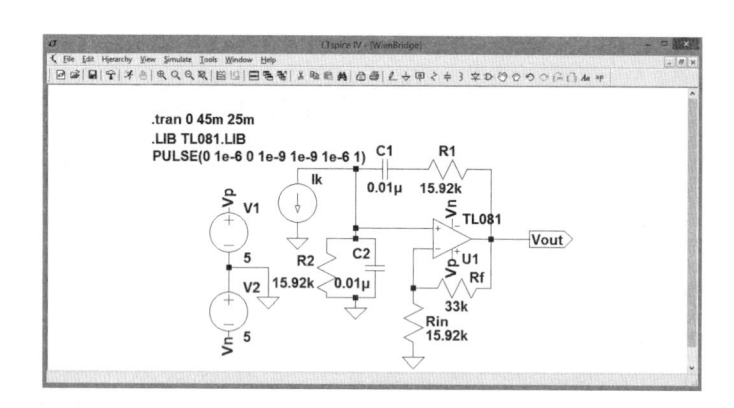

圖 7-6　TL081 0° 相移的正回授 Wien Bridge 振盪器電路

Wien Bridge 振盪器所產生的 1 KHz 波形，如圖 7-7 所示。要比圖 7-3 相移式振盪器所產生的 1 KHz 波形的失真率，好得不多。

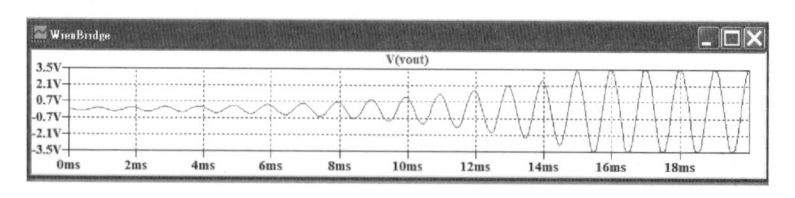

圖 7-7　TL081 Wien Bridge 振盪器電路所產生的 1 KHz 波形

圖 7-8 為 Wien Bridge 振盪器電路所產生的 FFT，也有單數的副波存在。與上述的 180° 的相移音頻產生器相比較，更為明顯。

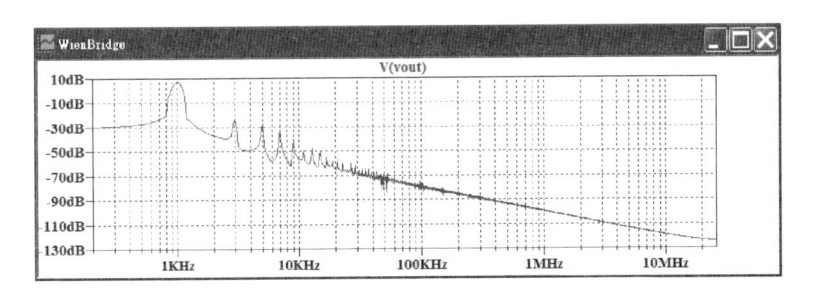

圖 7-8　TL081 Wien Bridge 振盪器電路所產生的 FFT

7-5　正交振盪器電路

正交振盪器 (Quadrature Oscillator) 是由二個積分器串連回授而成，是用類比計算機，來對二次微分方程式，求解的一種方法。它的電路如圖 7-9 所示，三組 RC 形成的積分電路，每組都提供 90° 相移，所以 U_1 和 U_2 的輸出，一為正弦波，另一為餘弦波。這種電路多用在電子通信的電路上，電路的閉路增益寫成方程式：

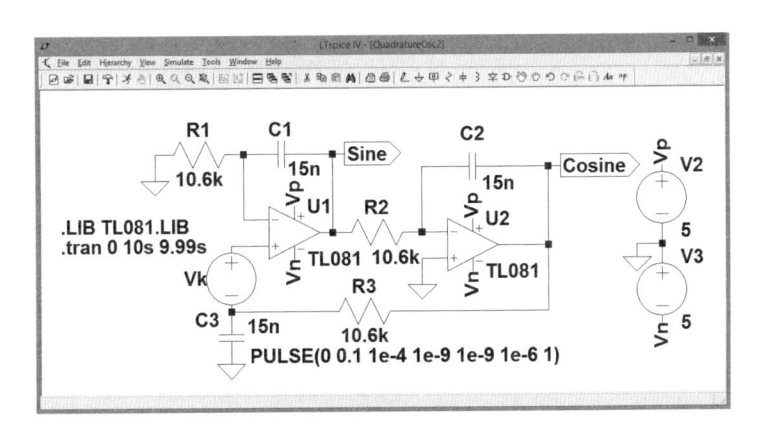

圖 7-9　三組 RC 積分電路和 2 只 TL081 組成的正交振盪器

$$A\beta = \left(\frac{1}{R_1 C_1 s}\right)\left(\frac{R_3 C_3 s + 1}{R_3 C_3 s (R_2 C_2 s + 1)}\right)$$

當 $R_1C_1 = R_2C_2 = R_3C_3$ 時，則：

$$A\beta = \frac{1}{(RCs)^2}$$

當 $\omega = \frac{1}{RC}$; $A\beta = 1\angle -180°$

而 $\omega = 2\pi f = \frac{1}{RC}$; 則

$$f = \frac{1}{2\pi RC}$$

選擇 $f = 1$ KHz，$C = 15$ nF；則

$$R = \frac{1}{6.28 \times 1E3 \times 15E-9} = 10.6 \text{ k}\Omega$$

圖 7-10 為正交振盪器的 Sine 和 Cosine 輸出波形，從波形的上下對稱，可以判斷其不含太多的副波，失真也少。

圖 7-10　正交振盪器的 Sine 和 Cosine 輸出波形

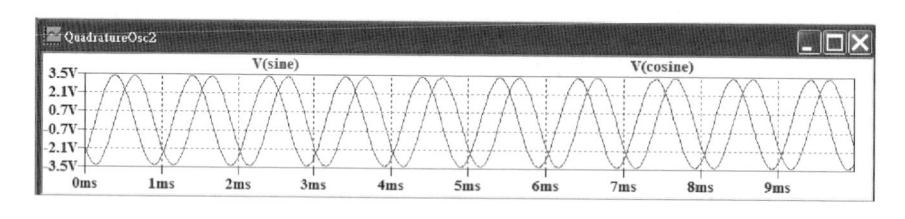

圖 7-11 為正交振盪器的 Sine 波形 FFT，證實了上面的判斷。從較窄的 1 KHz 尖峰，也可以判斷，其輸出頻率的穩定度。

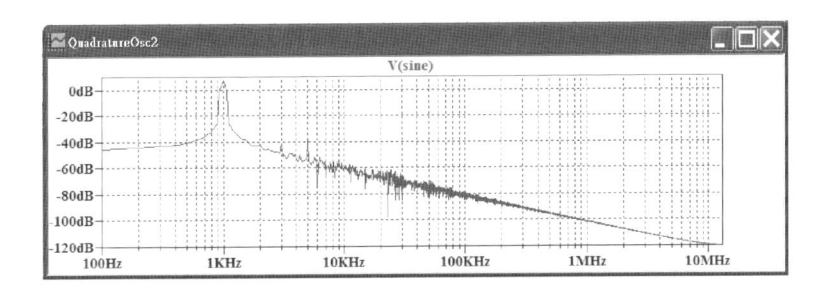

◎ 圖 7-11 ◎　　　正交振盪器的 Sine 波形 FFT

◎ 7-6　電路的硬體裝置與測試

圖 7-12 是圖 7-9 與 **Analog Discovery Module** 的接線關係圖。

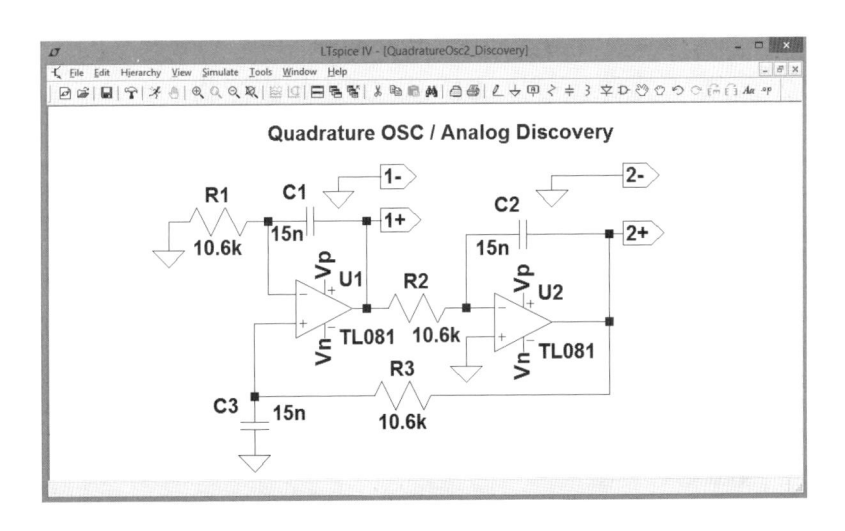

◎ 圖 7-12 ◎　　　圖 7-9 與 Analog Discovery Module 的接線關係圖

　　簡單的低頻電路，如果只為了學習，可以使用不需銲接的**麵包板** (Breadboard) 來完成。頻率較高或比較複雜的電路，應當把電路裝配在接地良好且使用銲接的電路板上。圖 7-13 便是一個樣板。

110　iLAB Analog 類比電路設計、模擬測試與硬體除錯

◦圖 7-13 ◦　　　裝置在使用麵包上的正交振盪器

Analog Discovery Module，連同裝上了 **Waveform** 軟體的 PC，形成了多件由軟體操控的硬體儀器。點擊 **Analog** 部份的 **Voltage**，如圖 7-14 所示。這 2 個 5 V 電源，可以 **ON** 或 **OFF** 軟體控制。

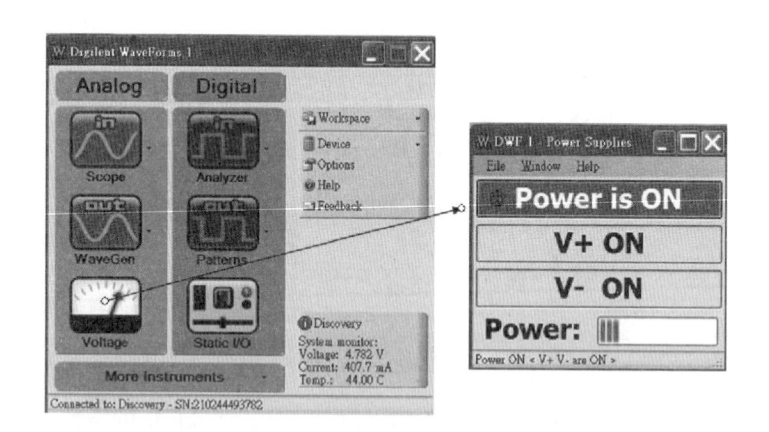

◦圖 7-14 ◦　　　Analog Discovery 的 2 個可 ON 或 OFF 的電源

正交振盪器本身，能產生正弦波和餘弦波。所以只需在圖 7-14 的 **Analog** 端選取 **Scope in** 如圖 7-15 即可。設定方面，因二個輸出，除了

相位相差 90° 之外，其它完全相同。所以 **Offset** 都設為 0，**Range** 都設為 1 V/div。全部設定如圖 7-15 所示。

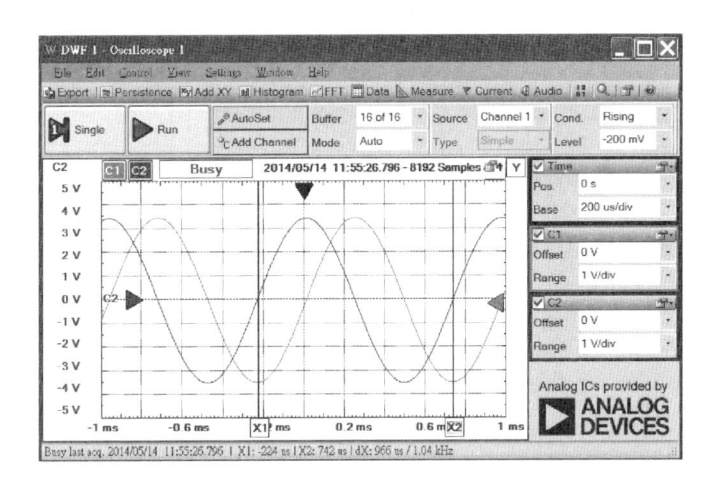

圖 7-15　示波器測量正交振盪器波形的各項設定

正交振盪器波形的失真度，可以從圖 7-14 **Analog Discovery** 下方 **More Instruments** 中選取 **Spectrum Analyzer** 來測試，如圖 7-16 所示，它的 **Frequency Range** 因為輸入為 1 KHz，所以應選用 10 KHz to 24.42 Hz 這一檔。在 **Frequency** 項目中 **Center** 選用 2.5 KHz，**Span** 選用 5 KHz。這樣便可以查看是否有 1 KHz 的 2 KHz 的偶次和 3 KHz 的奇次副波。從圖上可以看到輸出訊號有很微弱的 2 KHz 和 3 KHz 的副波。

圖 7-15 示波器的工作欄，有一項 **Add XY** 的，它可以把示波器的二個頻道，也就是相差 90° 的正弦波和餘弦波，在相差 90° 的 Y 和 X 的坐標系顯示出來。如圖 7-17 所示，也就是正交振盪器波形的**黎氏圖形** (Lissajous Figure)。

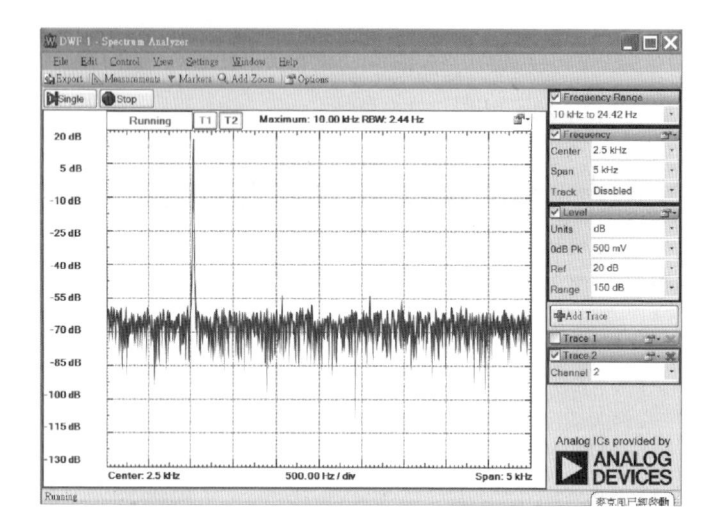

圖 7-16　Analog Discovery 的頻譜儀 Spectrum Analyzer

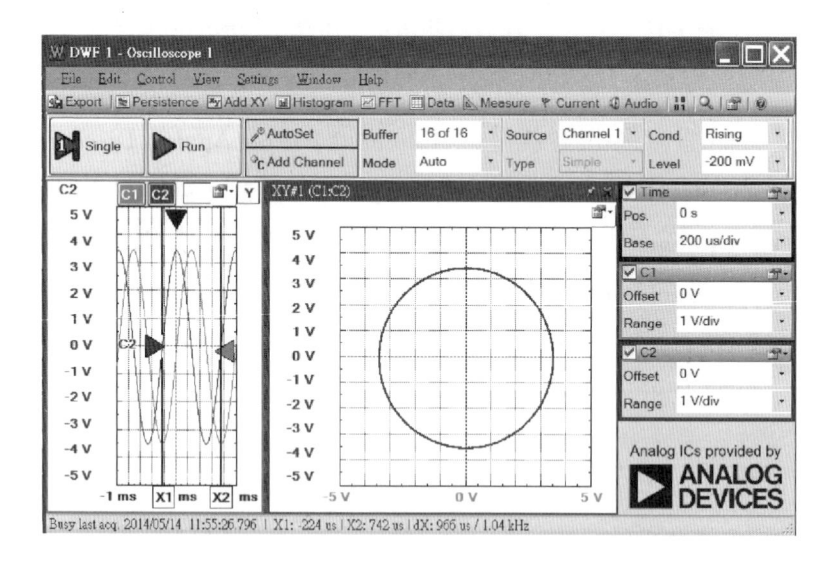

圖 7-17　正交振盪器波形的黎氏圖形

7-7 課外練習

(1) 試將圖 7-6 之 Wien Bridge 振盪器電路實作。並完成以下各項測試：

　A. 完成 LTspice 的各項測試。及改善波形失真的方法。

　B. 完成 Analog Discovery 的各項測試。

　C. 比較 A、B 二項測試，如有相異處，試述其原因和改善的方法。

(2) 試將運算放大器 TL081 來產生 1 KHz 方波、與鋸齒波的電路。並用 LTspice 來做各項測試。

(3) 試述正交振盪器在通信工程上的實際用途。

(4) 試實作圖 7-2 之 RC Phase Shift OSC 振盪器，並完成以下各項測試。

　A. LTspice 的各項測試。

　B. Analog Discovery 對硬體之各項測試。

　C. 比較 A、B 二項測試，如有相異甚遠，試解釋其原因及可能改善的方法。

(5) 試用第五章中的 Differential Amplifier，在 current source 為 1 mA 情況下，結合 Wien Bridge 為 1 KHz 的頻率控制電路，設計成一個低失真的正弦波振盪器電路。(提示：控制 Differential Amplifier 的 Gain 關係失真率)

(6) 試用第一章中的 Common Emitter Amplifier，在 I_e 為 1 mA 情況下，結合 Phase Shift 頻率控制電路，設計成一個低失真的 1 KHz 正弦波振盪器電路。(提示：控制 Common Emitter Amplifier 的 Gain 關係失真率)

第八章　主動式濾波器

主動式濾波器，主要的是使用 RC 和運算放大器，來組成的濾波器。運算放大器對濾波器來說，除了所有的數學功能外，它的主要功能是隔離。因為一個被動低通濾波器，和一個被動高通濾波器串連，如果沒有適當的隔離，就不能成為頻通濾波器。本章將介紹：低通、高通、頻通、**缺口** (Notch) 濾波器的設計和實作。

8-1　低通濾波器

最簡單只用一組 RC 的一階低通濾波器如圖 8-1 所示。它的隔斷頻率 f_c，也就是比 0 dB 低，即 –3 dB 的頻率。

這個頻率跟 RC 的關係：　　$f_c = \dfrac{1}{2\pi RC}$

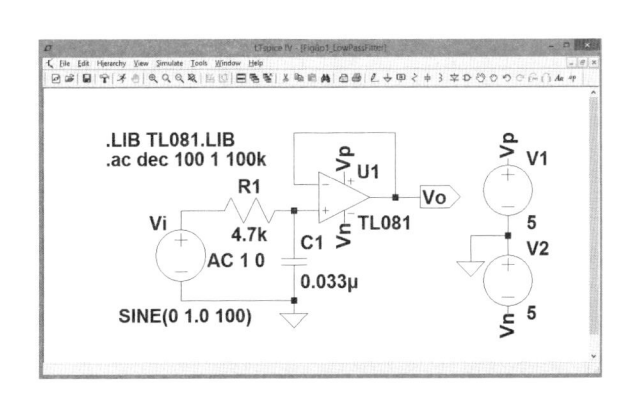

圖 8-1　一階低通濾波器電路圖和它的 AC Analysis 結果

115

如果將 f_c 選為 1 KHz，C_1 選為 0.033 μF。

則：$R_1 = \dfrac{1}{6.28 \times 1E3 \times 0.033E-6} = 4{,}825\,\Omega$ 選用最接近的 4.7 kΩ。

從 **AC Analysis** 的結果，可以看出，一階低通濾波器的衰減率每 **Decade** 為 –20 dB。也就是 f_c = 1 KHz 時為 –3 dB，到 10 KHz 便為 –20 dB 了。圖 8-2 為一階到十階，不同階次的衰減率示意圖。

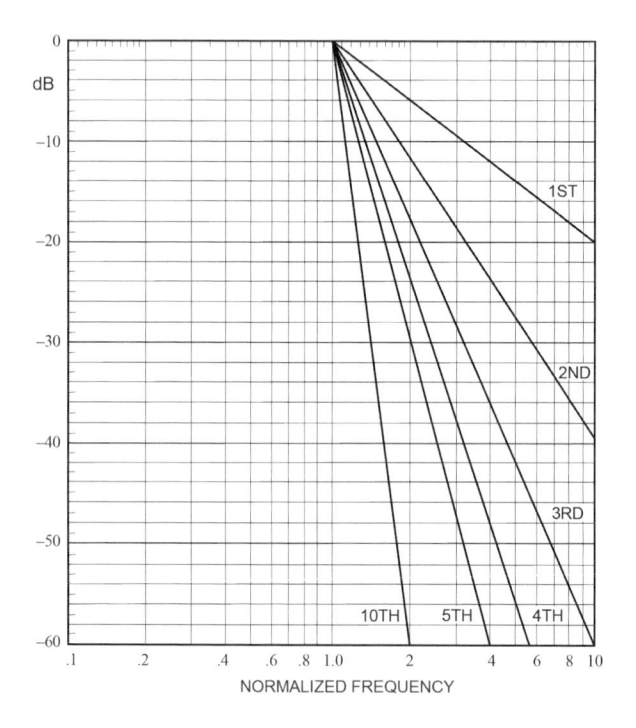

圖 8-2 一到十階，不同階次的頻率相對衰減率示意圖

8-2 二階低通濾波器

用二組 RC 的一階低通濾波器如圖 8-3 所示。它的隔斷頻率 f_c，也就是比 0 dB 要低，即 –3 dB 的頻率。

這個頻率跟 RC 的關係：$f_c = \dfrac{1}{[2\pi\sqrt{(R_1 R_2 C_1 C_2)}]}$

其中 $\qquad R_1 = R_2$ ； $C_1 = 2C_2$

故： $\qquad f_c = \dfrac{1}{[2\pi\sqrt{(R_2 R_2 2 C_2 C_2)}]} = \dfrac{1}{[2\pi\sqrt{2(R_2 C_2)}]}$

如果將 f_c 選為 1 KHz，C_2 選為 0.0112 μF。C_1 = 0.0225 μF

則： $R_2 = \dfrac{1}{[2\pi\sqrt{2(F_c C_2)}]} = \dfrac{1}{8.88 \times 1E3 \times 0.112E-6} = 10\ \text{k}\Omega$

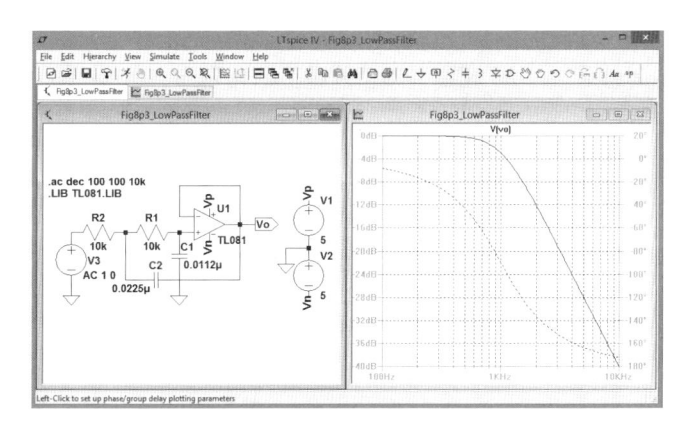

○ 圖 8-3 ○　　二階低通濾波器電路圖和它的 AC Analysis 結果

從 **AC Analysis** 的結果，可以看出，二階低通濾波器的衰減率每 **Decade** 確實為 –40 dB。也就是 f_c = 1 KHz 時為 –3 dB，到 10 KHz 便為 –40 dB 了。

8-3　一階高通濾波器

將圖 8-1 一階低通濾波器電路中的 C_1 和 R_1 的位置交換，如圖 8-4 所示，那就成了一階高通濾波器。它的 –3 dB f_c 仍為 1 KHz，–20 dB

的頻率為 100 Hz。

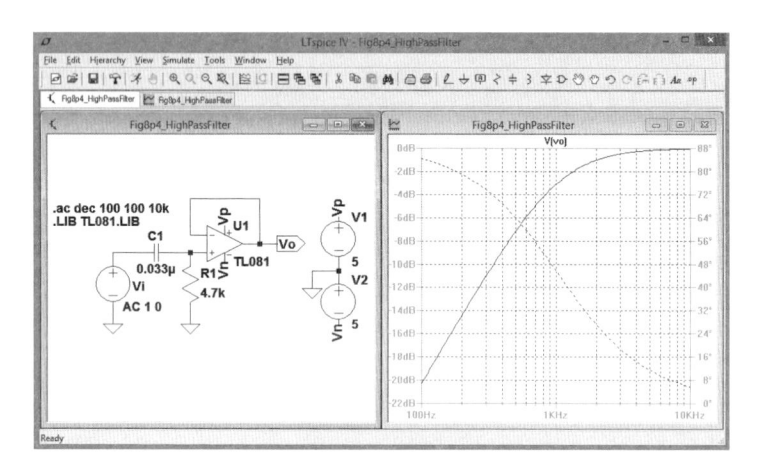

◉ 圖 8-4　一階高通濾波器電路圖和它的 AC Analysis 結果

◉ 8-4　二階高通濾波器

同理把圖 8-3 二階低通濾波器的 C 和 R 的位置相交換如圖 8-5 所示，那就成了二階高通濾波器。它的 f_c 仍為 1 KHz，100 Hz 的頻率衰為 −40 dB。

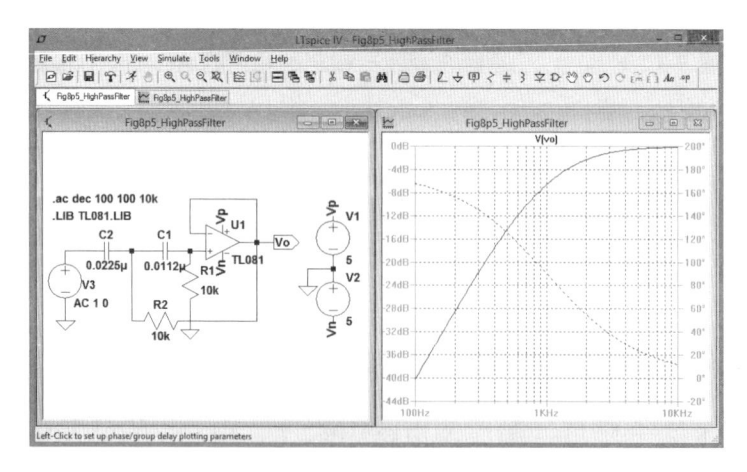

◉ 圖 8-5　二階高通濾波器電路圖和它的 AC Analysis 結果

8-5　多個回授的頻通濾波器

　　圖 8-8 為多個回授的 750 Hz 頻通濾波器電路，濾波器的設計，先固定頻率，和電容器的數值。頻通濾波器還多了二項，頻寬和增益。圖 8-6 是求解頻通濾波器電路的中 R_1、R_3 和 R_5 的 C++ Program 的程式。圖 8-7 為處理 C++ Program 獲取答案的步驟。

```
/* Multiple-feedback Bandpass Filter */
# include <iostream>
# include <cstdlib>
using namespace std;

int main (int argc, char *argv[])
{
    float freq, Gain, Qf, C4, R1, R5, R3, x1;

    cout << "step 1: Please input the value of Band Pass Frequency freq in Hz." << endl;
    cin >> freq;
    cout << "step 2: Please input the value of OPA Gain." << endl;
    cin >> Gain;
    cout << "step 3: Please input the value of Band Pass Filter Qf" << endl;
    cin >> Qf;
    cout << "step 4: Please input the value of C2=C4  Capacitor C4 in Farad." << endl;
    cin >> C4;
        R1 = Qf/(Gain*C4*6.28*freq);
        R5 = 2*R1*Gain;
        x1 = 2*Qf*Qf - Gain;
        R3 = Qf/(6.28*x1*C4*freq);
    cout << "the value of R1 is equal to : " << R1 << endl;
    cout << "the value of R3 is equal to : " << R3 << endl;
    cout << "the value of R5 is equal to : " << R5 << endl;
    system("pause");
    return 0;
}
```

圖 8-6　　求解頻通濾波器電路的 C++ Program 的程式

```
D:\My Documents\Desktop\uLAB\LAB_Ch08\BandPassFilter.exe
step 1: Please input the value of Band Pass Frequency freq in Hz.
750
step 2: Please input the value of OPA Gain.
1.32
step 3: Please input the value of Band Pass Filter Qf
4.2
step 4: Please input the value of C2=C4  Capacitor C4 in Farad.
0.01e-6
the value of R1 is equal to : 67554.5
the value of R3 is equal to : 2625.79
the value of R5 is equal to : 178344
請按任意鍵繼續 . . .
```

圖 8-7　　處理 C++ Program 獲取答案的步驟

選用 5% 誤差之電阻 R_1 當為 68 k，R_3 為 2.7 k，R_5 為 180 k。**LTspice AC Analysis** 的結果，顯示 **Gain** 在 2.5 dB，與 2.4 dB 接近。但是 Q 則為 750/300 = 2.5 比設計時的 4.2 相差 40%。

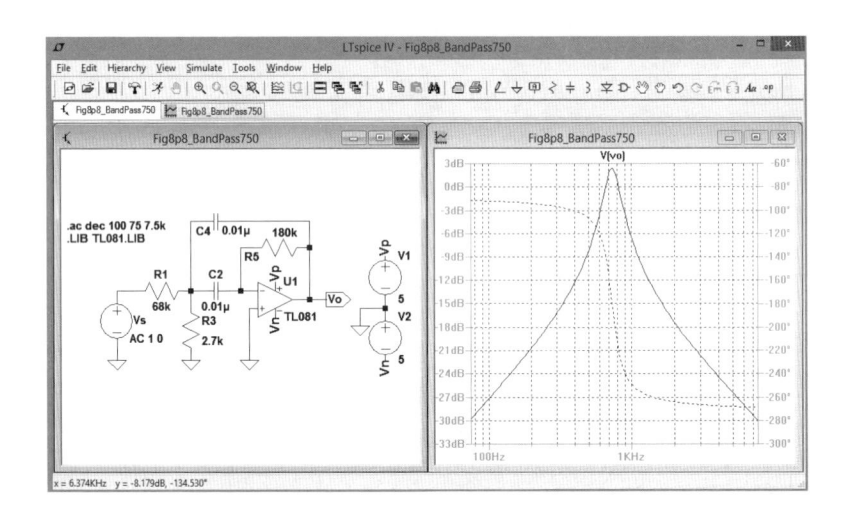

圖 8-8　　多個回授的頻通濾波器電路和它的 AC Analysis 結果

8-6　頻拒濾波器

頻拒，又稱**缺口** (Notch) 濾波器，大多設計到音頻或儀器上，來排斥單一頻率，如 60 Hz 之用。圖 8-9 為頻拒通濾波器電路，它的目標是 f_r = 60 Hz，Q = 5。

電路的頻控部份是由 C_1、C_2、C_3、C_4 和 R_1、R_2、R_3、R_4、R_5 所組成。

其中：$C_1 = C_2$；$C_3 = 2C_1$；$R_1 = R_2$；$R_3 = 0.5R_1$；$R_4 = R_5$；

則頻拒頻率：
$$f_r = \frac{1}{2\pi R_1 C_1};$$

令 $C_1 = 0.47\ \mu F$；

故：
$$R_1 = \frac{1}{6.28 \times 60 \times 0.47E-6} \doteqdot 5.6\ k\Omega$$

又：
$$Q = \frac{R_4}{2R_1} = \frac{C_1}{C_4}\ ;$$

故：
$$R_4 = \frac{2R_1}{Q} = 2R_1 \times Q = 10 \times R_1 = 56\ k$$

同理：
$$C_4 = \frac{C_1}{Q} = \frac{0.47}{5} \doteqdot 0.1\ \mu F$$

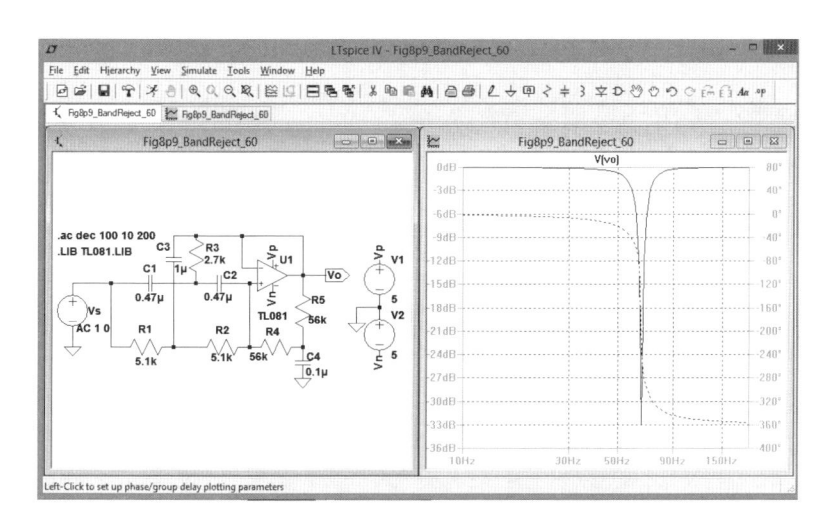

:◎: 圖 8-9 :◎:　　　頻拒濾波器電路和它的 AC Analysis 結果。

◎ 8-7　電路的硬體裝置與測試

　　圖 8-10 為圖 8-8 多個回授的 750 Hz 頻通濾波器電路和 **Analog Discovery** 的接線關係。

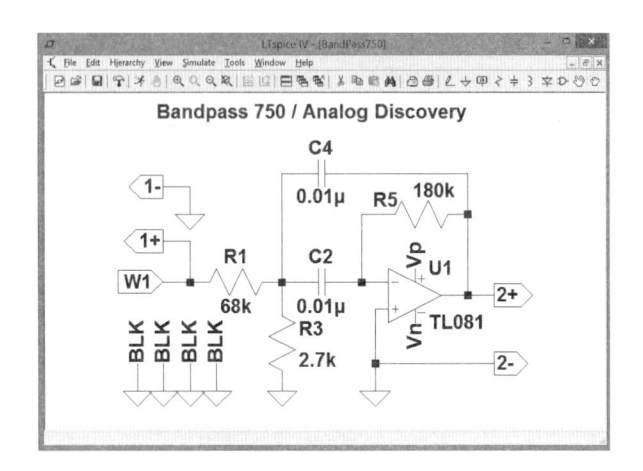

◦ 圖 8-10 ◦　　750 Hz 頻通濾波器和 Analog Discovery Module 的接線

硬體實作，用的是單層實驗板。圖 8-11 為電路零件的安排。

◦ 圖 8-11 ◦　　裝置在使用麵包板上的 750 Hz 頻通濾波器電路

Analog Discovery Module，連同裝上了 Waveform 軟體的 PC，形成了多件由軟體操控的硬體儀器。點擊 Analog 部份的 Voltage，如圖 8-12 所示。這 2 個 5 V 電源，可以 ON 或 OFF 軟體控制。

第八章　主動式濾波器　123

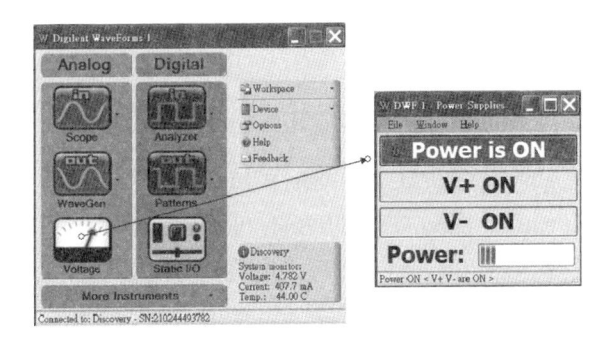

◦ 圖 8-12 ◦　　　Analog Discovery 的 2 個可 ON 或 OFF 的電源

　　750 Hz 頻通濾波器電路的測試，主要是對該電路做 Bode Plot。

　　Digilent Waveforms 的 More Instruments 中有一個稱謂 Network Analyzer 的，它能夠對硬體做 Bode Plot，相同於軟體 LTspice 的交流訊號分析的測試。如圖 8-13 的特性曲線中的 Magnitude，顯示頻率響應的強度，用 dB 來表示。Phase 指的是輸出和輸入之間的相位差。

　　由於實作所採用電子零件精確度多在 5%～20% 之間，Bode Plot 測試的結果如圖 8-13 所示，750 Hz 頻通濾波器的中心頻率在 738 Hz 上。其它數據相較於圖 8-8 LTspice AC Analysis 所獲得的結果更為接近。

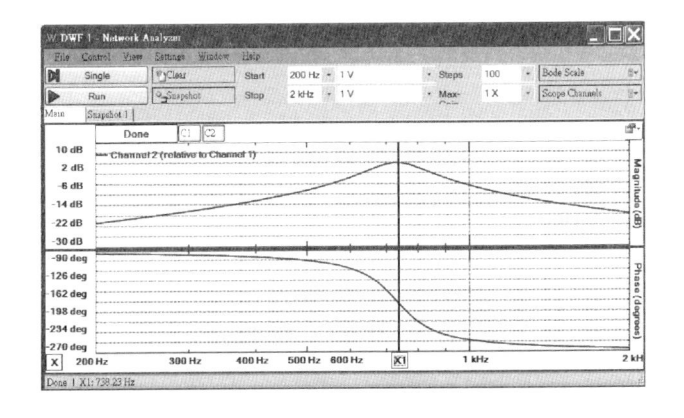

◦ 圖 8-13 ◦　　　750Hz 頻通濾波器的 Bode Plot

8-8 課外練習

(1) 試實作圖 8-9 的 60 Hz 頻拒濾波器電路。並完成以下各項測試：

    A. 完成 LTspice 的 AC Analysis 測試。

    B. 完成 Analog Discovery 的 Bode Plot 測試。

    C. 比較 A、B 二項測試，如有相異處，試述其原因和改善的方法。

(2) 何謂濾波器的頻率縮放 (Frequency Scaling)？

    A. 欲將圖 8-8 的 750 Hz 改成 1,500 Hz 的頻通濾波器，依據頻率縮放，該作何種變更？

    B. 何以實際上，多數以保持 C 的不變而改變 R？

(3) 何謂濾波器的阻抗縮放 (Impedance Scaling)？在何種情況下，須做阻抗縮放？

(4) 圖 8-8 多個回授的頻通濾波器的 AC Analysis 結果 $Q = 2.5$ 比設計的 4.2 相差甚遠，試找出其原因並修正之。

第九章 高頻、中頻、頻率的產生和混合器

本章所指的高頻、中頻、它的頻率範圍是在 MHz 左右。其頻率的產生，和混合，可以用簡單的 LC 和電晶體電路來組成。利用電感 L 和電容 C，所組成的共振電路，再經過放大器的正向回授，成為高頻產生器。本章將介紹 Hartly 和 Colpits 等二種。中頻的產生是用頻率**混合器** (Mixer) 來完成。無線電接收機，就是綜合了 "高頻放大器 + 高頻產生器 + 混合器 + 中頻放大器 + 檢波器" 的產物。

9-1 高頻共振電路

電感 L 和電容 C，所組成的共振電路，它們跟共振頻率 f_r 之間的關係是：

$$f_r = \frac{1}{2\pi\sqrt{LC}}$$

如果：f_r 的頻率使用 MHz、電感 L 使用 μH、電容 C 使用 pF。那麼上式可寫成：

$$f_r = \frac{25,330}{L \times C}$$

高頻電路中，電感 L 的使用，有超過二個以上者。除了單獨電感之外，還要考慮到互感 K 的存在。LTspice 在它的 Edit 中有 Spice Directive 這一項，可以在電路圖中，把互感 K 的規格填入。K 的數值

由 1 到 –1。使用 1 代表不考慮漏感的存在。圖 9-1 是 L_1、L_2 單獨電感為 100 μH，互感為 1 的例子。

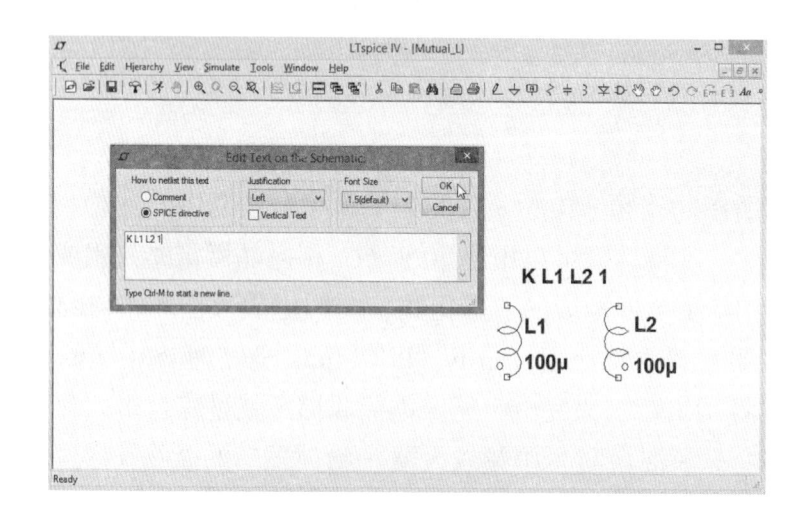

圖 9-1 是 L_1、L_2 單獨電感為 100 μH，互感為 1 的例子

9-2　Hartly 高頻振盪器電路

圖 9-2 是 Hartly 1 MHz 振盪器電路，決定該電路頻率的主要零件是 L_1+L_2 和 C_4、C_1、C_2。使用 2N3904 的射極接地放大器，放大器的負載是 1,000 μH，又稱**無線電波阻流器** (Radio Frequency Choke, RFC) 的電感器。電壓由 L_3 感應輸出。圖 9-3 為其輸出波形。圖 9-4 為其輸出波形之 FFT。

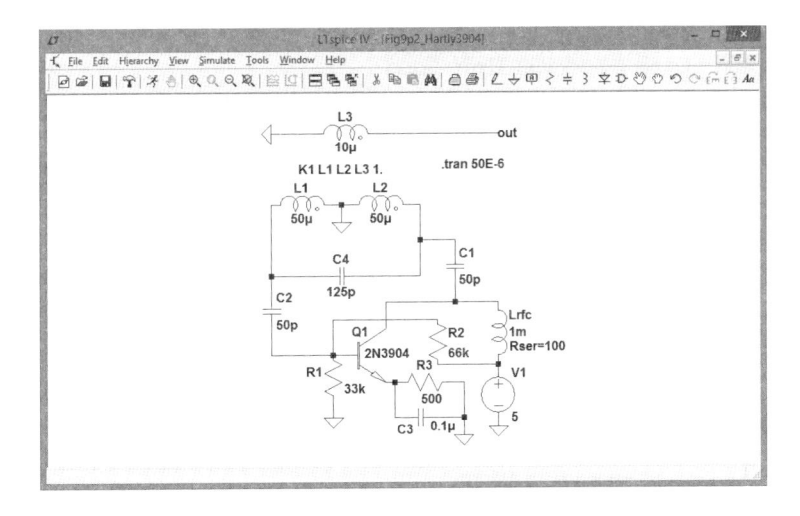

◎ 圖 9-2 ◎　　　Hartly 1 MHz 振盪器電路

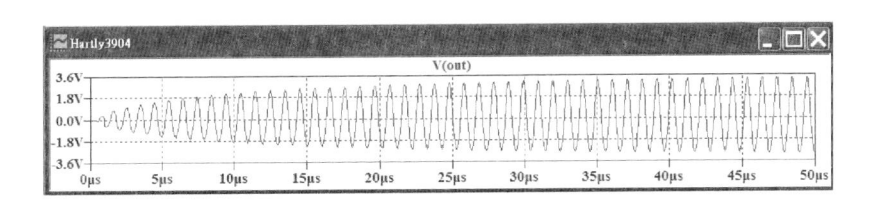

◎ 圖 9-3 ◎　　　Hartly 1 MHz 振盪器電路輸出波形

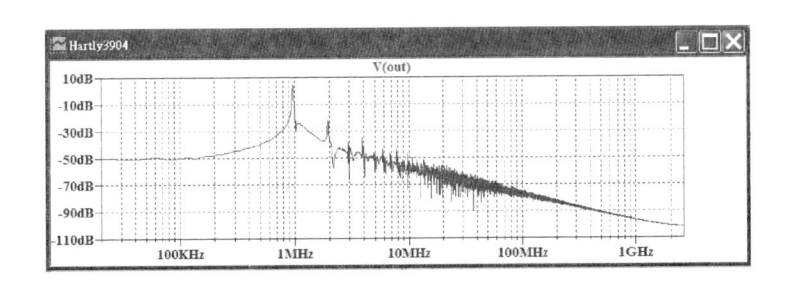

◎ 圖 9-4 ◎　　　Hartly 1 MHz 振盪器電路輸出波形之 FFT

9-3　Colpits 高頻振盪器電路

　　圖 9-5 是 Colpits 1 MHz 振盪器電路，決定該電路頻率的主要零件是 L_1 和 C_1 串連 C_2 所組成。使用 2N3904 的集極接地放大器。結構上較 Hartly 振盪器電路簡單，回授和輸出全部由 2N3904 的射極來完成。圖 9-6 為其輸出波形。圖 9-7 為其輸出波形之 FFT。

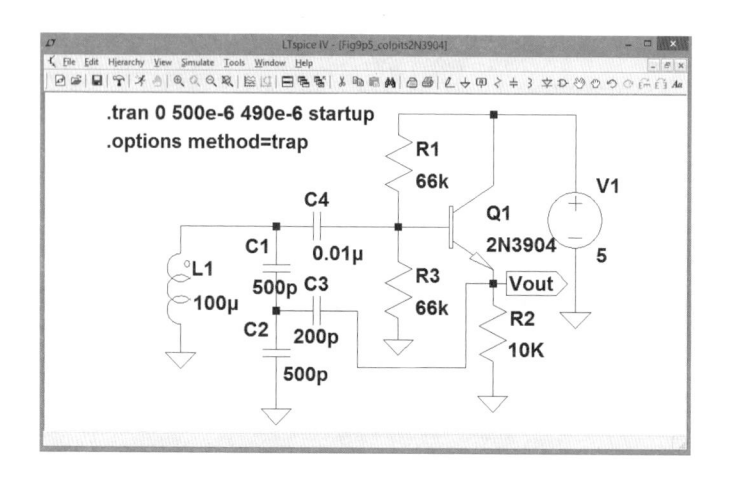

圖 9-5　Colpits 1 MHz 振盪器電路

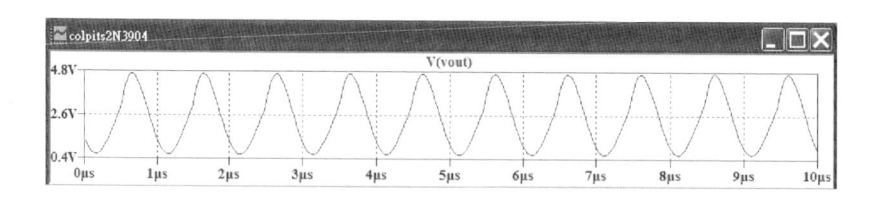

圖 9-6　Colpits 1 MHz 振盪器電路輸出波形

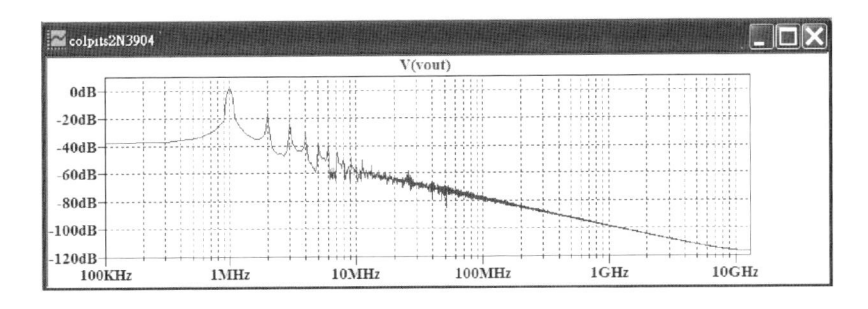

第九章　高頻、中頻、頻率的產生和混合器　129

◖ 圖 9-7 ◗　　Colpits 1 MHz 振盪器電路輸出波形之 FFT

● 9-4　頻率混合器

　　圖 9-8 為理想的頻率混合器的示意圖，高頻輸入到相位差 180° 的二個放大器上，它們的輸出連接到，受高頻控制的開關上。開關的中點輸出：

$$SIF = \frac{2}{\pi}\{\sin(\omega_{RF}+\omega_{LO})t + \sin(\omega_{RF}-\omega_{LO})t + harmonics\}$$

其中 $\sin(\omega_{RF}-\omega_{LO})t$ 部份，為高頻輸入和控制的開關高頻之差，頻率較高頻的二者為低，是為中頻。

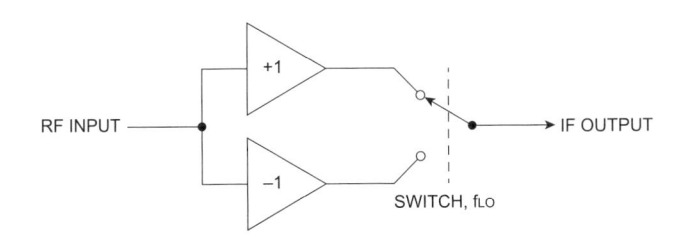

◖ 圖 9-8 ◗　　理想的頻率混合器

　　圖 9-9 是由 Diode 和二組感應線圈組成的頻率混合器電路圖，它是利用線圈來達到 180° 相位差，同樣達到頻率混合器的效能。缺點是

插入損耗 (insertion loss) 甚高約 6~8 dB，同時也不具訊號的放大和隔離。也無法 *IC* 化。

◓ 圖 9-9 ◓   由 Diode 和二組感應線圈組成的頻率混合器

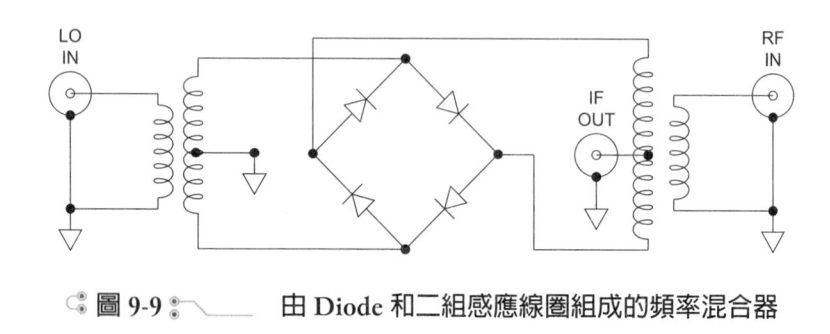

圖 9-10 是由 6 只 NPN 電晶體組成的頻率混合器，混合器的核心 Q_3、Q_4、Q_5、Q_6 被由高頻訊號控制的電流開關 Q_1、Q_2 所調變。

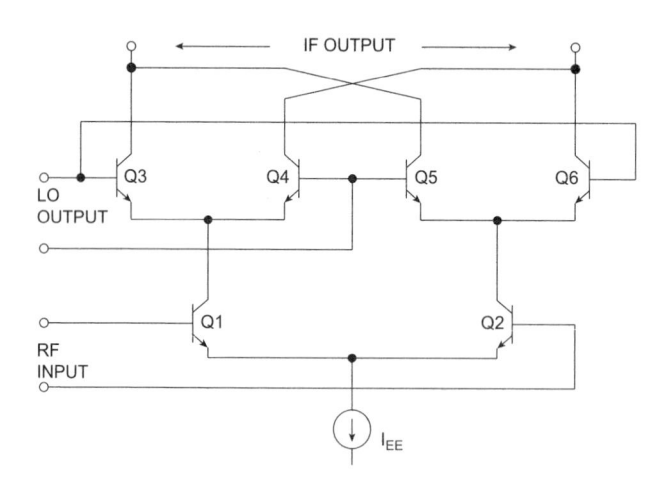

◓ 圖 9-10 ◓   由 6 只 NPN 電晶體組成的頻率混合器

利用這個原理製成的 *IC* 有 Motorola 的 MC1496 [註1] 和 Analog

[註1] http://www.onsemi.cn/pub_link/Collateral/MC1496-D.PDF

Devices 的 AD831[註2]。

9-5　頻率混合器的應用

　　圖 9-11 是由一只電晶體組成的廣播收音機混頻電路，無線電訊號經由線圈 L 和可變電容器 C，組成的 LC 共振電路，經電容器交連到 NPN 電晶體的基極。本地高頻振盪器，是由連接到集極和射極上的二個線圈，和另一個 LC 共振電路所組成。二個頻率的混合的結果，再輸出到二組共振電路所組成中頻選擇變壓器。完成中間頻率的選取工作。電路圖中的放大器，便是最爲常用的射極接地式電晶體放大器。

　　如果從天線進來的是 1,000 KHz 的訊號，爲了配合 455 KHz 的中間頻率，本地高頻振盪器必須產生 1,455 KHz 的訊號。

　　圖 9-12 是一個模擬測試用來測試 圖 9-11 收音機混頻電路，用以觀察混頻電路的頻譜。

圖 9-11　是由一只電晶體組成的廣播收音機混頻電路

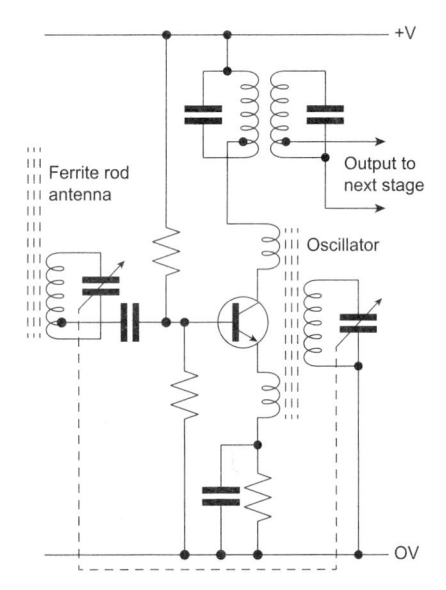

註2　http://www.analog.com/static/imported-files/data_sheets/AD831.pdf

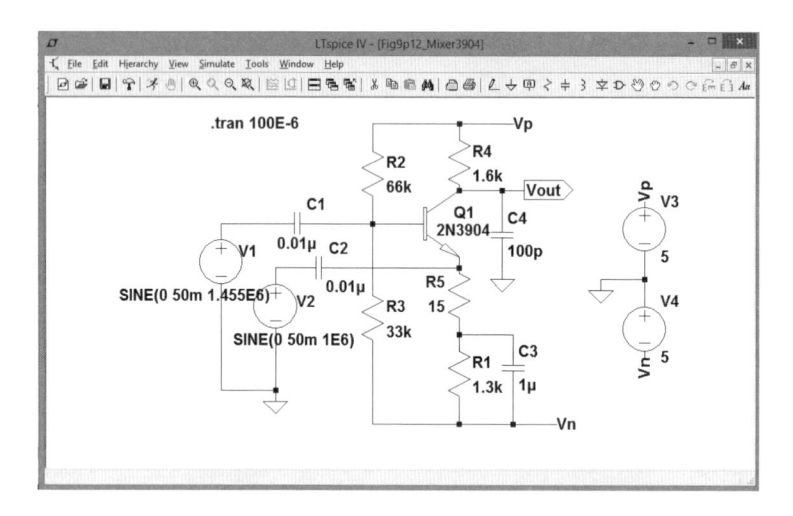

◉ 圖 9-12 ◉　　　模擬測試電路用來測試　圖 9-11 收音機混頻電路的頻譜

　　圖 9-13 為模擬測試電路 2N3904 集極的輸出波形，從觀察波形的 FFT 就可以測量到混頻電路的頻譜。

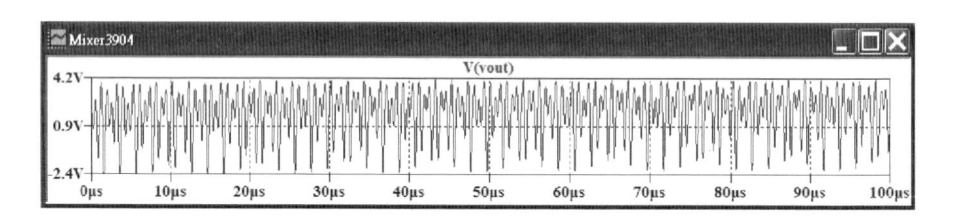

◉ 圖 9-13 ◉　　　模擬測試電路 2N3904 集極的輸出波形

　　從圖 9-14 可以看到除了原來的 1,000 KHz 和 1,455 KHz 之外，還有 1,455 KHz − 1,000 KHz = 455 KHz 和 1,455 KHz + 1,000 KHz = 2,455 KHz。另外一些較弱的高階副波。

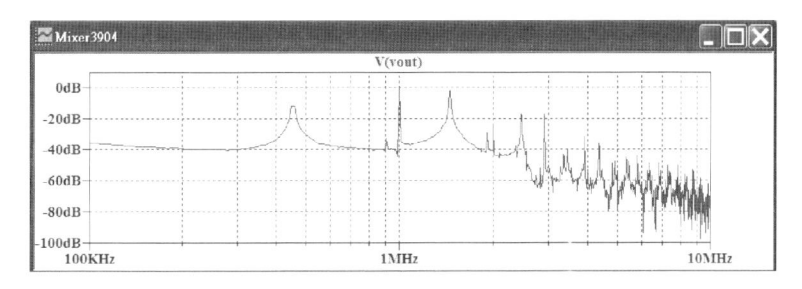

第九章　高頻、中頻、頻率的產生和混合器　133

◎ 圖 9-14　模擬測試電路 2N3904 集極的輸出波形的頻譜

9-6　電路的硬體裝置與測試

圖 9-15 是圖 9-12 混頻電路與 Analog Discovery 的接線關係圖。

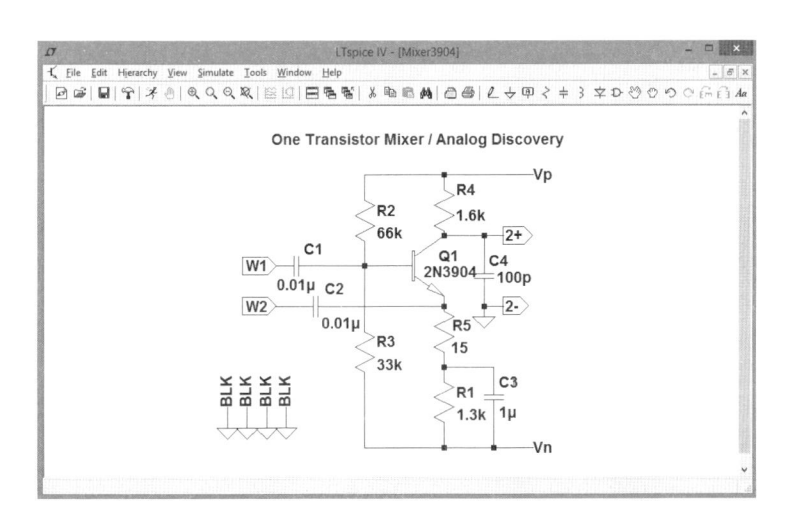

◎ 圖 9-15　混頻電路與 Analog Discovery 的接線關係圖

　　簡單的低頻電路，如果只為了學習，可以使用不需銲接的**麵包板**(Breadboard) 來完成。頻率較高或比較複雜的電路，應當把電路裝配在接地良好且使用銲接的電路板上。如圖 9-16 所示。

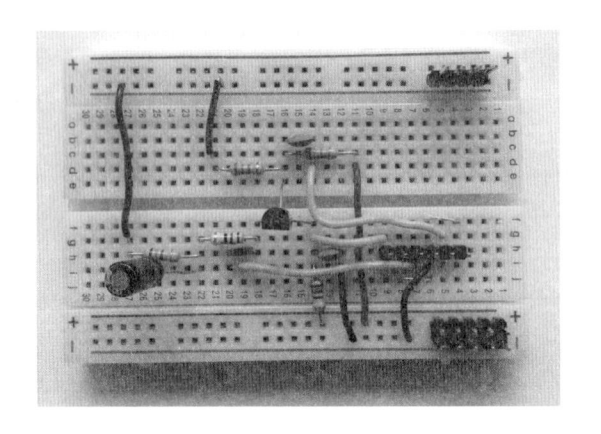

134　iLAB Analog 類比電路設計、模擬測試與硬體除錯

◦ 圖 9-16 ◦　　　裝置在使用麵包板上的混頻電路

Analog Discovery Module，連同裝上了 Waveform 軟體的 PC，形成了多件由軟體操控的硬體儀器。點擊 Analog 部份的 Voltage，如圖 9-17 所示。這 2 個 5 V 電源，可以 ON 或 OFF 軟體控制。

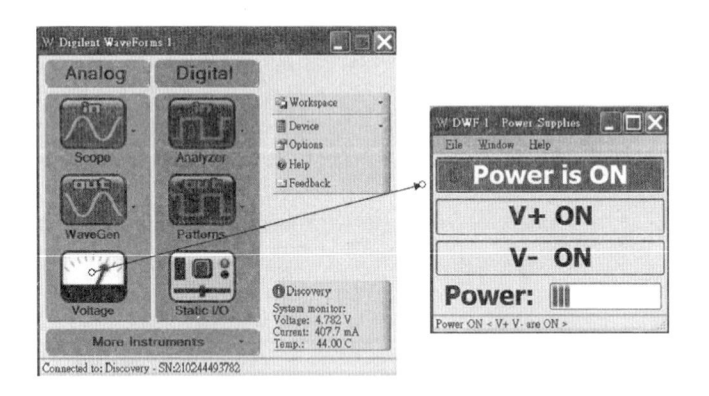

◦ 圖 9-17 ◦　　　Analog Discovery 的 2 個可 ON 或 OFF 的電源

混頻電路需要一個為 1.00 MHz、50 mV、0 offset 電壓輸入訊號，和另外一個為 1.47 MHz、50 mV、0 offset 本地振盪電壓訊號。點擊 Analog 部份的 OUT，由 Analog Discovery 中 2 個波形產生器中的 W_1 和

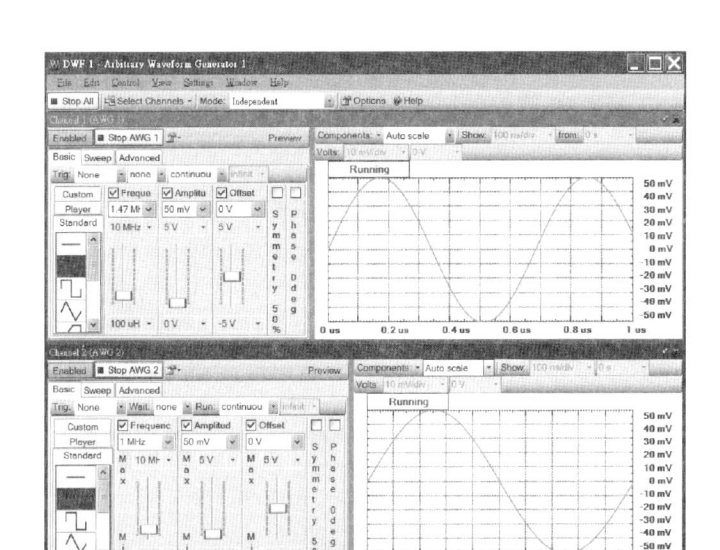

W_2 個訊號產生器來提供。如圖 9-18 所示。

◦ 圖 9-18 ◦　　W_1 和 W_2 個訊號產生器提供混頻電路所需訊號

　　混頻電路的輸出波形，可用一個頻道的示波器來測量。點擊 **Analog** 部份的 **IN**，Analog Discovery 便提供一個有 2 個頻道的示波器，使用其中一個 2^+ 連接到 Q_1 集極，2^- 接地。另外一個 1^+ 和 1^- 不用。

　　得到的波形如圖 9-19 所示。

　　示波器所顯示的混頻電路的輸出，所隱藏的信息，可以用 **Analog Discovery** 的頻譜儀來解碼。選用 **More Instruments** 中的 **Spectrum Analyzer** 頻譜儀，它能夠分析混頻電路輸出的 FFT。如圖 9-20 所示。它的 **Frequency Range** 因為輸入為 1.00 MHz，所以應選用 10 MHz to 24.42 KHz 這一檔。在 **Frequency** 項目中 **Center** 選用 1 MHz，**Span** 選用 1 MHz。這樣便可以查看到 1 MHz ± 1.47 MHz 的結果。

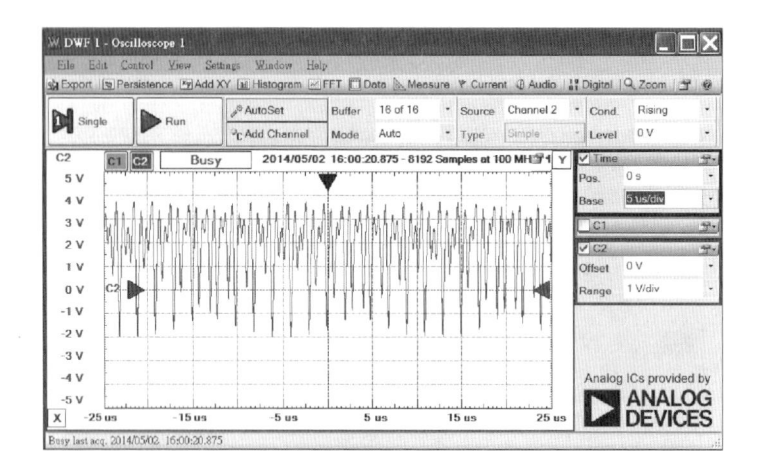

◎ 圖 9-19 ◎　　　示波器顯示的混頻電路的輸出

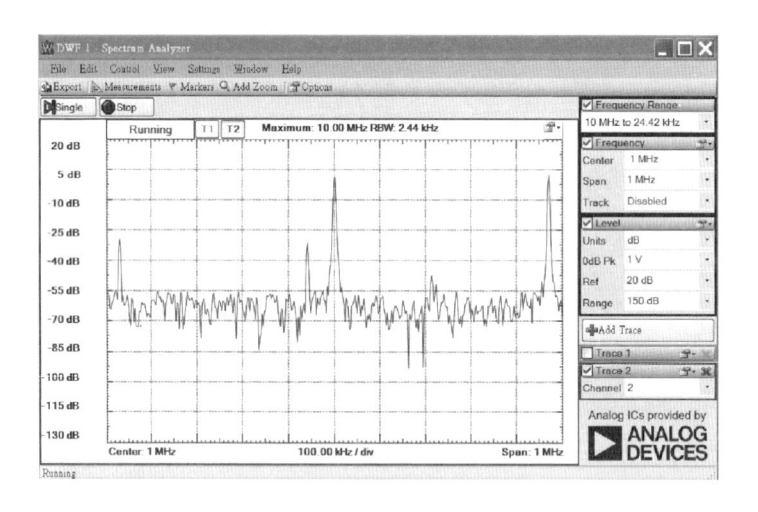

◎ 圖 9-20 ◎　　　頻譜儀顯示混頻電路 1 MHz ± 1.47 MHz 的結果

9-7 課外練習

(1) 試實作圖 9-5 之 Colpits 1 MHz 振盪器電路。其中 100 μH 線圈，須 DIY。圖 9-21 100 μH 線圈 DIY，作為參考。

　　A. 完成電路硬體裝置後的各項測試。

　　B. 將測試的結果跟原來 LTspice 的第 9-3 節的 Colpits 電路測試的結果作一比較。

◎ 圖 9-21 ◎　　100 μH 線圈 DIY

(2) 試繪製一部 "高頻放大器 + 高頻產生器 + 混合器 + 中頻放大器 + 檢波器" 的調幅 (AM) 無線電接收機。

(3) 試參考(註1) MC1496 Balanced Modulators / Demodulators Application Informations 中的 AM modulator 如圖 9-22 所示。

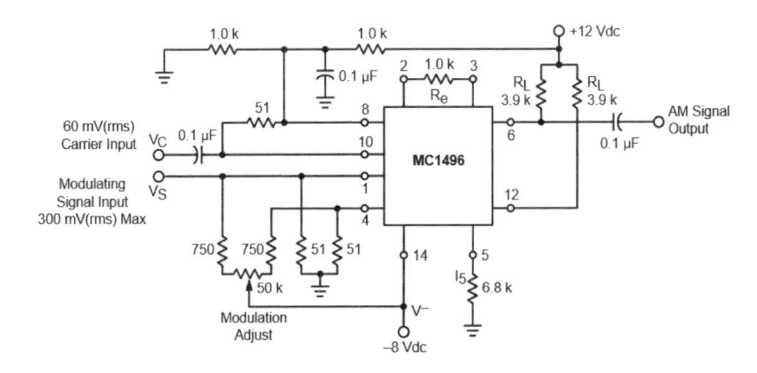

◎ 圖 9-22 ◎　　MC1496 的調幅 (AM) 產生器電路

實作該電路，Analog Discovery 的 W_1 為 Carrier 頻率為 500KHz@60mV、W_2 為 Modulating 頻率為 1KHz@300mV。外接 V_{cc} 為 +12 V、V_{ee} 為 −8 V (不用 Analog Discovery 的 ±5 V)。

A. 用 1^+ 觀察 $+V_0$、1^- 接地。用 2^+ 觀察 $-V_0$、2^- 接地。

B. 用 Specteum 觀察 $+V_0$ 和 $-V_0$ 的頻譜。

(4) 試述簡單的 Demodulation AM 的方法。須要用到 MC1496 嗎？

第十章　類比與數位的轉換與交連

過去的 20 年間，幾乎是只要可能，類比電子都滲有，或大部份被數位電子所取代。類比與數位的轉換與交連，基本上靠的是：D to A 數位進、類比出的轉換器，和 A to D 類比進、數位出的轉換器二種。軟體方面，類比電路大多數用的是 Spice。數位電路則使用 VHDL 和 Verilog。Linear Technology 的 LTspice 除了支援大部份的類比電路零件之外，還提供小部份的數位電路零件，以便於對設計做模擬測試之用。

10-1　電阻組成的 R2R 階梯式 D to A 轉換器

D to A 數位進、類比出的轉換器，種類很多。最簡單的當屬由電阻組成的 R2R 階梯式 D to A 轉換器，如圖 10-1 的電路所示。

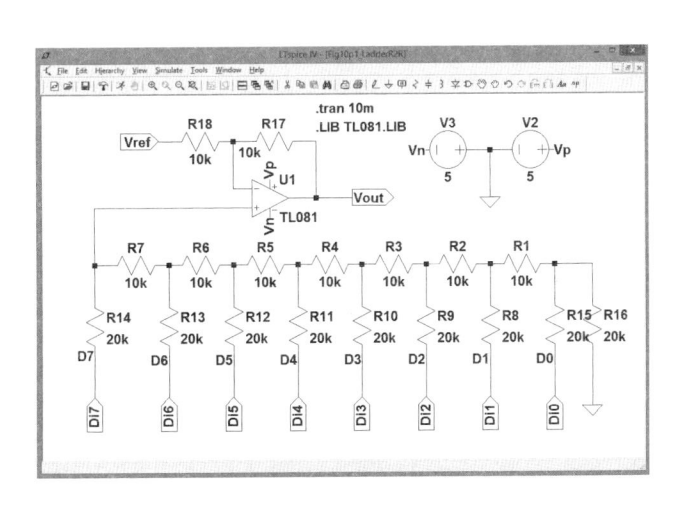

圖 10-1　電阻組成的 R2R 階梯式 D to A 轉換器電路

139

這個 8 bits 的 D to A，它的數位輸入是由 Di0~Di7 所組成。V_{ref} 用來控制類比輸出電壓的大小。如果 V_{ref} = 1.0 V；Di0~Di7 的 '1' 為 1.0 V；'0' 為 0 V；那麼 V_{out} 的輸出範圍為 −1.0 V ~ +1.0 V。倘若把 V_{ref} 和 R_{18} 移除；那麼 V_{out} 的輸出範圍為 0 V ~ +1.0 V。圖 10-2 中，R2R 階梯式 D to A 轉換器電路的測試。圖 10-3 為測試的結果。

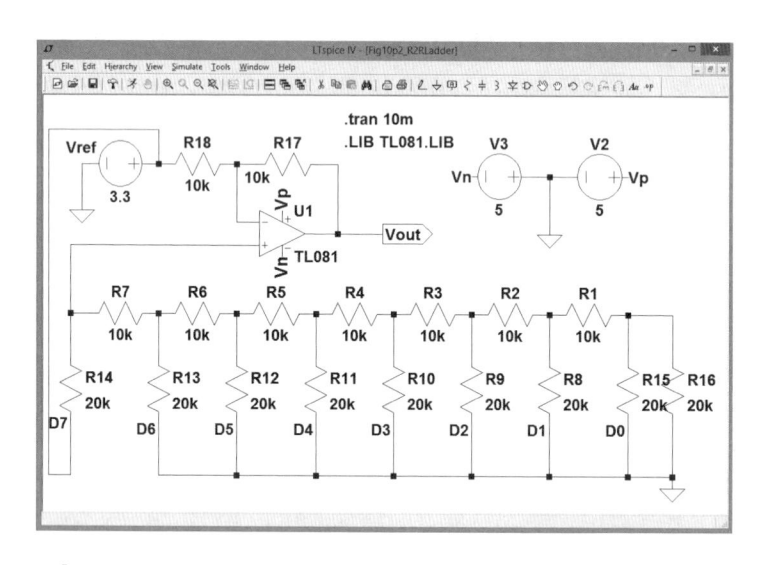

◎ 圖 10-2 　　　R2R 階梯式 D to A 轉換器電路的測試

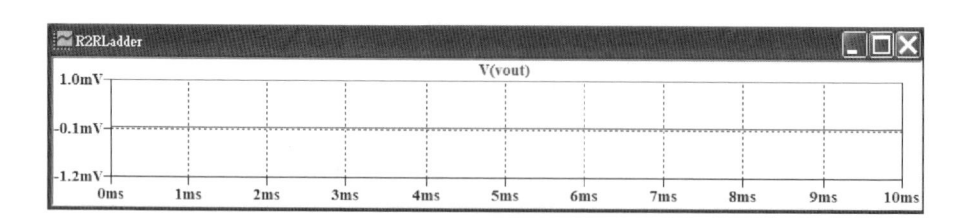

◎ 圖 10-3 　　　當輸入為 "10000000" 時 R2R 8 bit 轉換器的輸出

測試 R2R 8 bit D to A 最好的方法是把 Di0~Di7 連接到一個 8 bit **計數器** (Counter) 的輸出 D0~D7 上，如圖 10-4 用 **LTspice** 零件 **Digital**

第十章　類比與數位的轉換與交連　141

中的 **Dflop** 組成的 4 bit **Down Counter**，再將二個 4 bit **Down Counter** 的 **subckt** 和 **R2R Ladder** 的 **subckt** 組合起來，如圖 10-5 所示。subckt 的產生和使用詳見附錄 D: Subckt 的產生和應用。

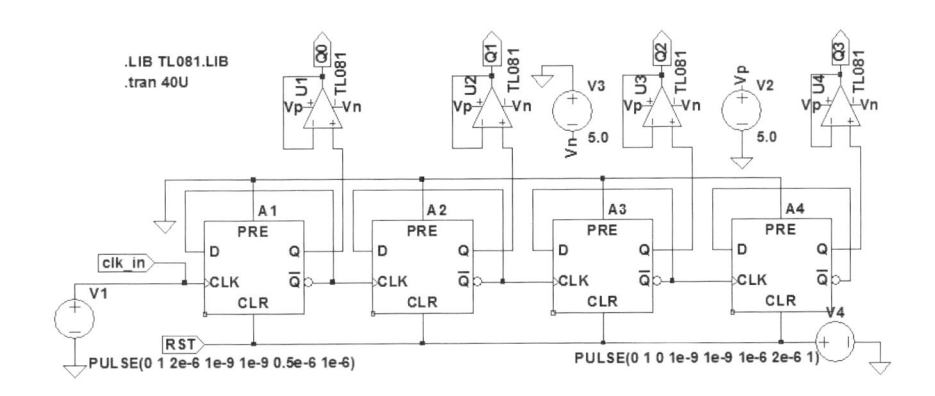

圖 10-4　用 LTspice Digital/flop 組成的 4 bit Down Counter

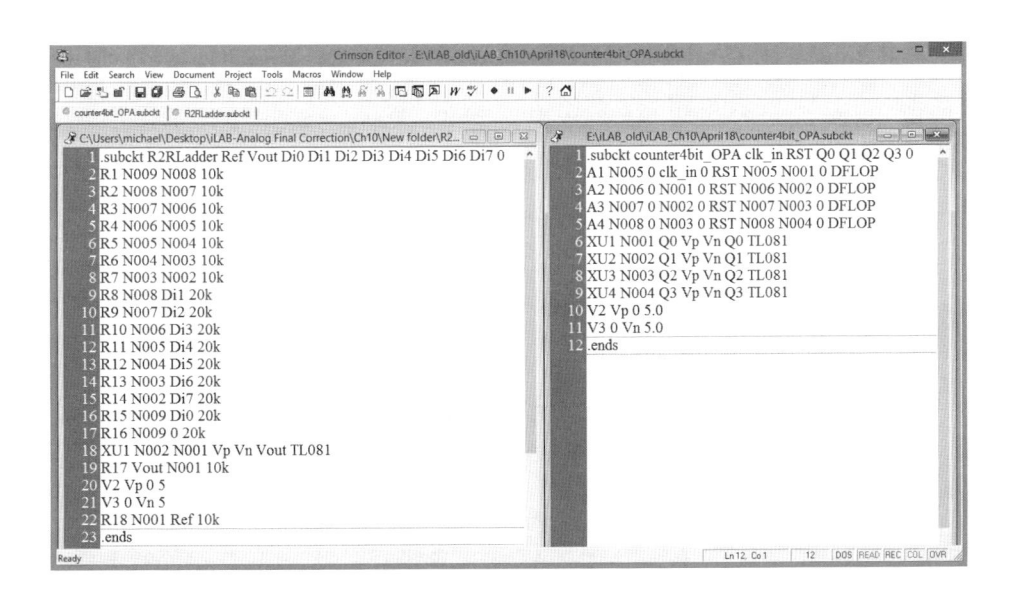

圖 10-5　用二個 4 bit Down Counter 來對 R2R Ladder 的測試 (A)

◎ 圖 10-5 ⟋⟍ 用二個 4 bit Down Counter 來對 R2R Ladder 的測試 (B)

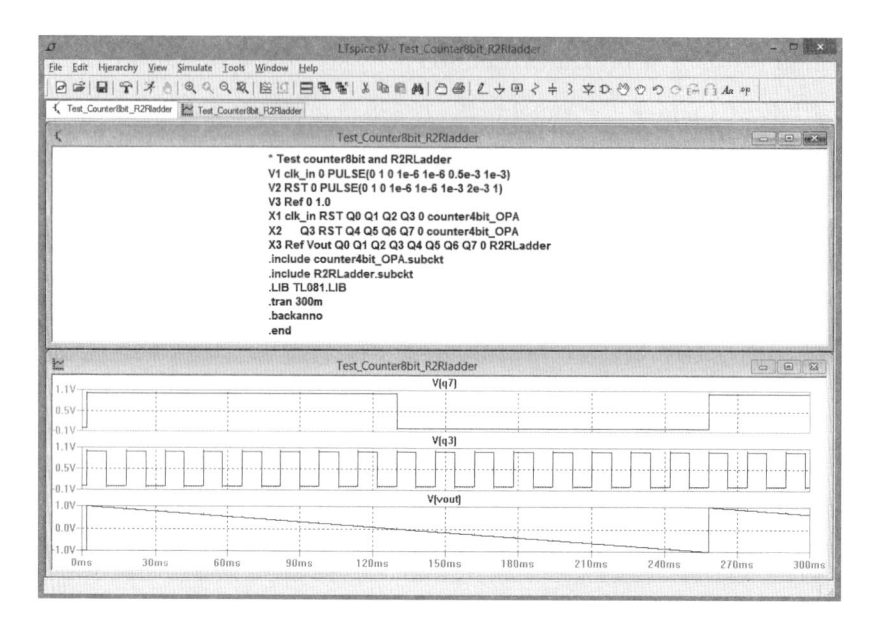

R2Rladder 的 V_{out} 顯示出 256 階的逆向連續鋸齒狀波形，由 +1.0 V 下降到 –1.0 V 代表電路的工作正常，設計可行。

◎ 10-2 DAC0808 積體電路 D to A 轉換器

積體電路的 8 bit D to A 轉換器，由於無法製出 R2R 電路所需的精確電阻，設計上改用電流開關來達到相同的效果。圖 10-6 為 DAC0808 結構示意圖。

圖 10-7 為 DAC0808 積體電路。清晰的圖片請參考下載 DAC0808 的規格特性 [註1]。

註1　參考下載 DAC0808 的規格特性。

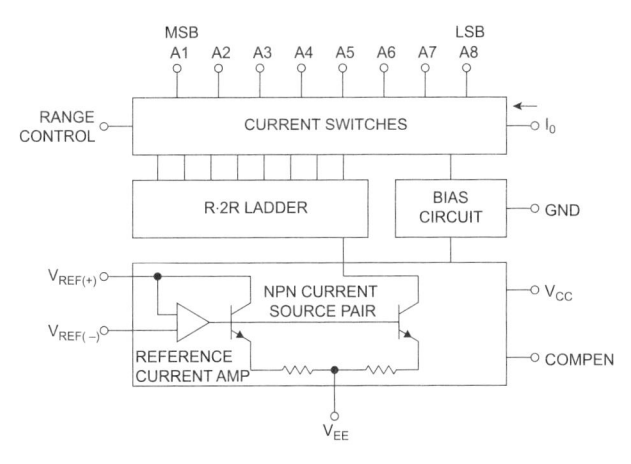

第十章　類比與數位的轉換與交連　143

◖ 圖 10-6 ◗　　　DAC0808 結構示意圖

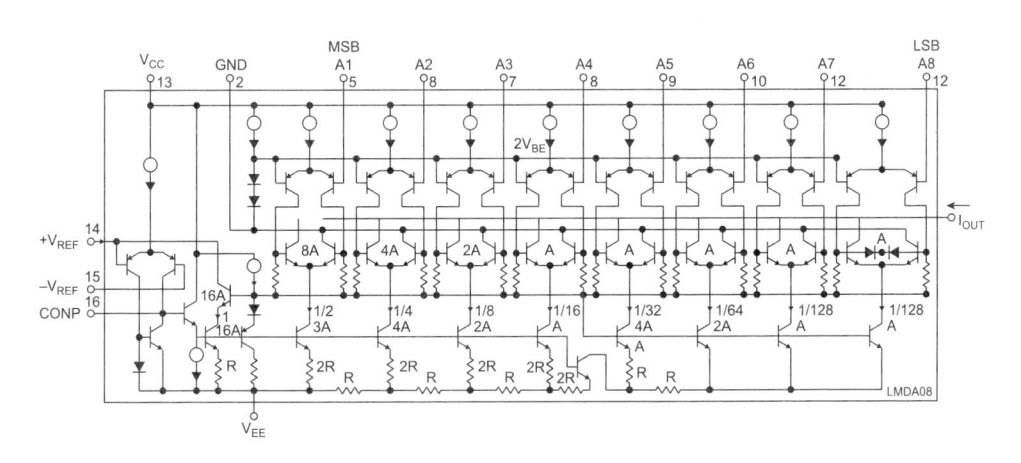

◖ 圖 10-7 ◗　　　DAC0808 積體電路

　　圖 10-8 為 DAC0808 積體電路的測試裝置，數位訊號 "1" 或 "0" 加到 A1~A8 接腳上，輸出電流 I_0 和 數位訊號輸入的關係為：

$$I_0 = K\left(\frac{A_1}{2} + \frac{A_2}{4} + \frac{A_3}{8} + \frac{A_4}{16} + \frac{A_5}{32} + \frac{A_6}{64} + \frac{A_7}{128} + \frac{A_8}{256}\right)$$

其中 $k = V_{\text{ref}}/R_{14}$，電路圖中 R_{15} 作為溫度補償之用。電流 I_0 經 R_L 輸入到 Pin 4，輸出電壓 $V_0 = I_0 R$。

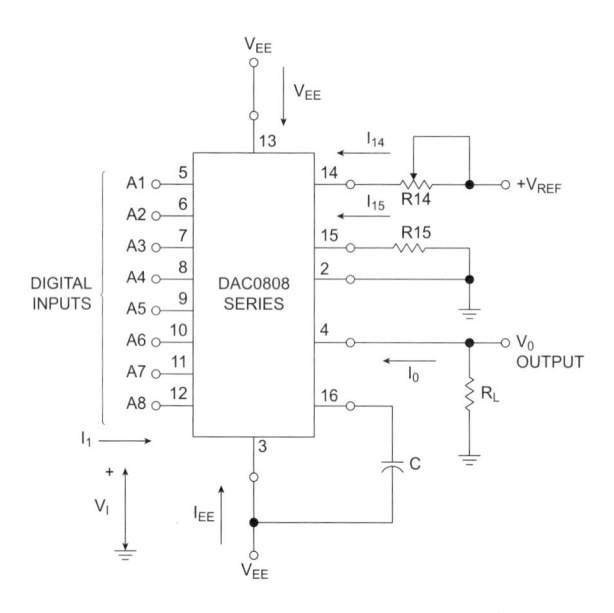

圖 10-8　DAC0808 積體電路的測試

10-3　ADC0804 積體電路 A to D 轉換器

圖 10-6 為 ADC0804 結構示意圖，清晰的圖片請參考下載 ADC0804 的規格特性[註2]。

測試 ADC0804 從複雜程度來分，有好多種。圖 10-9 是最基本的 ADC0804 積體電路的測試裝置。它的 Pin 6 輸入一個已知的直流電壓，輸出 Pin 11~Pin18 連上 LEDs，Pin 9 應為 $V_{\text{ref}}/2 = 2.560$ V，Pin 20 V_{cc} 應為 5.120 V，這樣的設定結果，ADC0804 的 LSB 數位相當於 20 mV。

註2　參考下載 ADC0804 的規格特性。

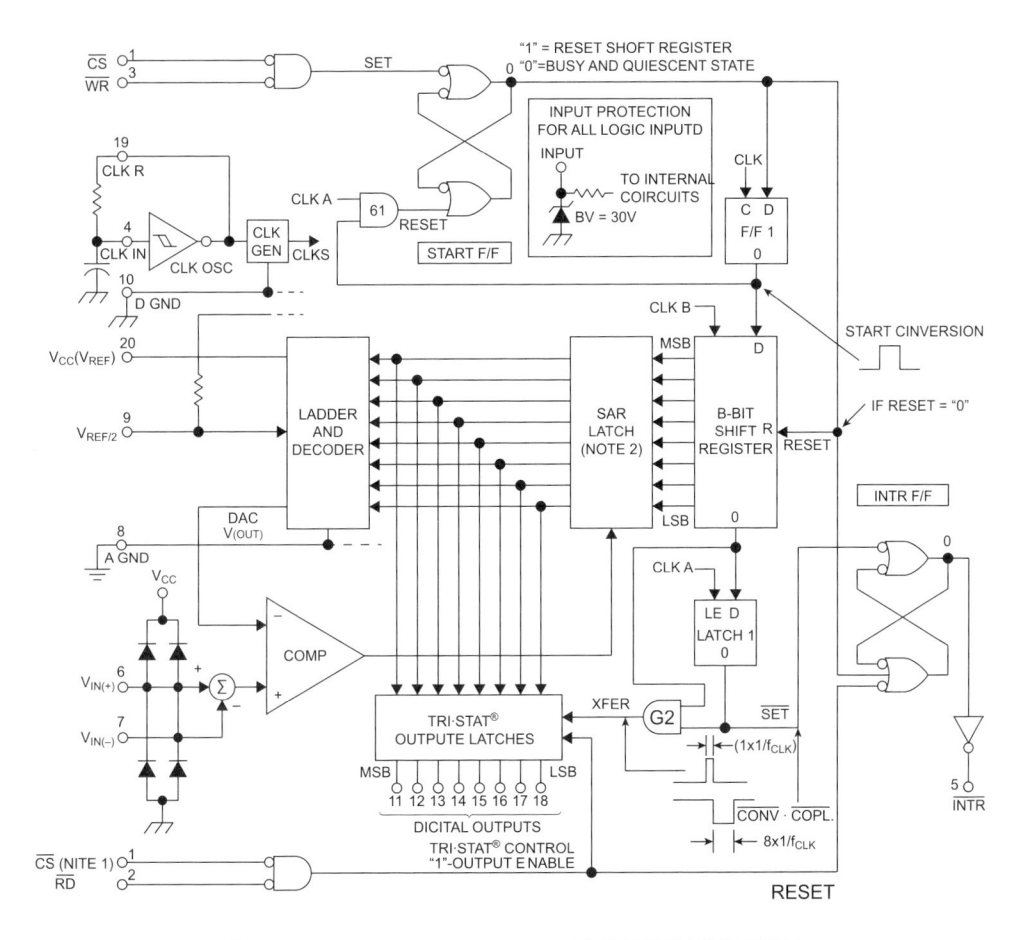

◆ 圖 10-9 ◆　　ADC0804 積體電路結構示意圖

　　如果要做**滿度** (Full Scale) 調整的話，則 Pin 6 ($+V_{in}$) 應輸入一 5.090 直流電壓，Pin 7 ($-V_{in}$) 接地，調整 $V_{ref}/2$ 電壓到輸出數位碼由 "11111110" 改變成 "11111111" 為止，這個 $V_{ref}/2$ 就是所有測試時的標準值。

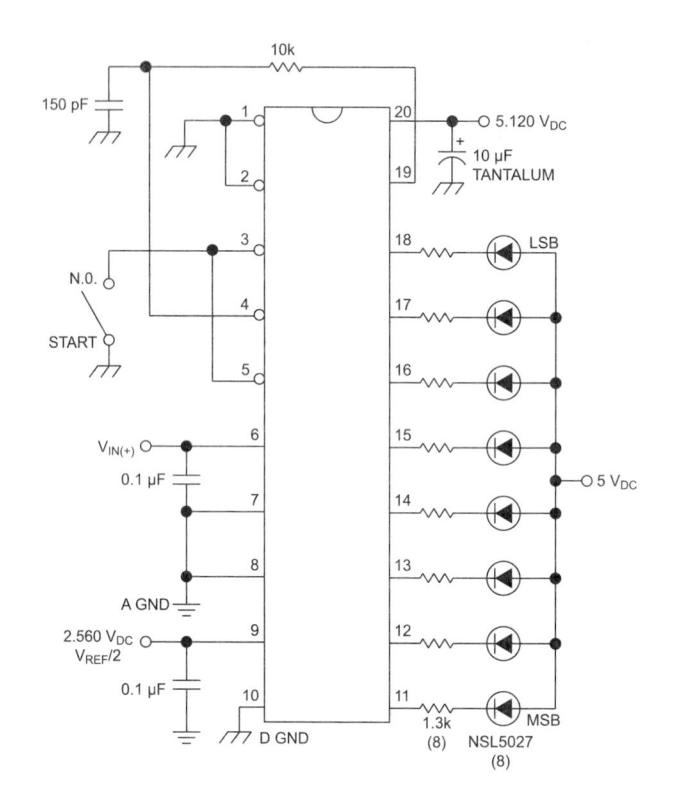

圖 10-10　ADC0804 積體電路的測試

10-4　轉換器 ADC0804 和 DAC0808 的界面交連

　　圖 10-11　為積體電路 ADC0804 和 DAC0808 界面交連的測試，在 ADC0804 的第 6 腳的輸入端，加入一個由 R_4、R_5 組成的分壓器，假定是 2 V。經 ADC0804 轉變成 8 個 bits，從 11~18 腳輸出到 DAC0808 的 5~12 腳。DAC0808 再將這 8 bits 輸入的信息轉變成原來的 2 V 在第 4 腳輸出到 TL081 運算放大器的第 2 腳由它的第 6 腳 V_{out}。運算放大器 TL081 被連接成電流輸入，電壓輸出的轉換器。

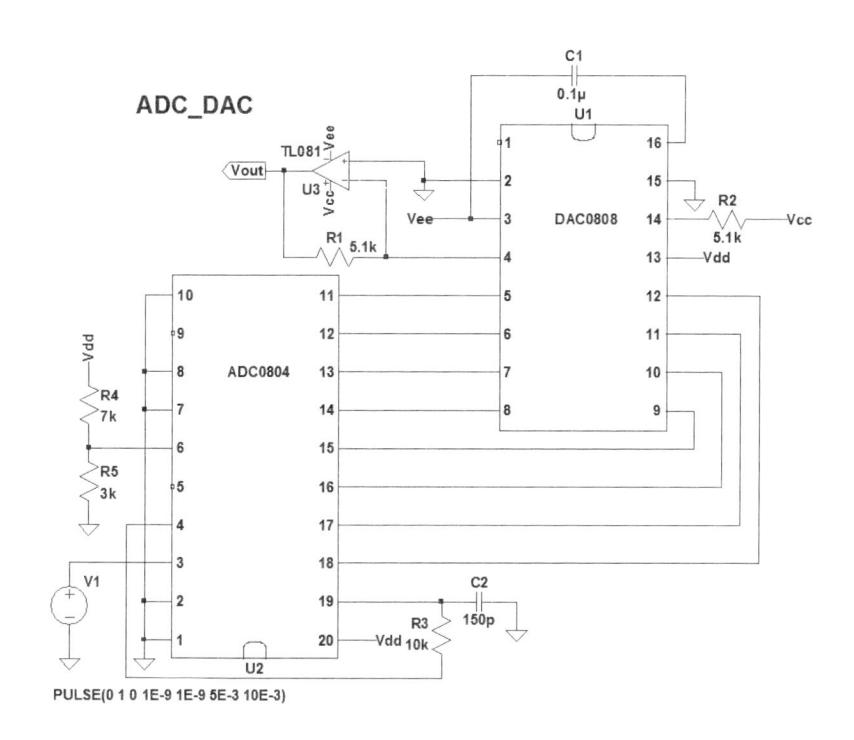

圖 10-11　積體電路 ADC0804 和 DAC0808 的測試

10-5　電路的硬體裝置與測試

在第 10-1 節，為了測試電阻組成的 R2R 階梯式 D to A 轉換器，LTspice 還須加入圖 10-4 由 Digital/flop 組成的 4 bit counter 來工作。

使用 **Analog Discovery** 來測試，由於它有內建的 **Counters**，測試的工作，比較簡單和快速。如圖 10-12 所示，**Analog** 方面使用了 W_1 和 Scope 2^+。首次使用 Digital 部份的**數位模式產生器** (Pattern Generator)。W_1 並不是用來產生波形，而是直流參考電壓。示波器要觀察到的是當 Binary Counter 由 0 到 255 的動向計數電壓由運算放大器的 Pin 6 輸出，呈順向鋸齒波狀。

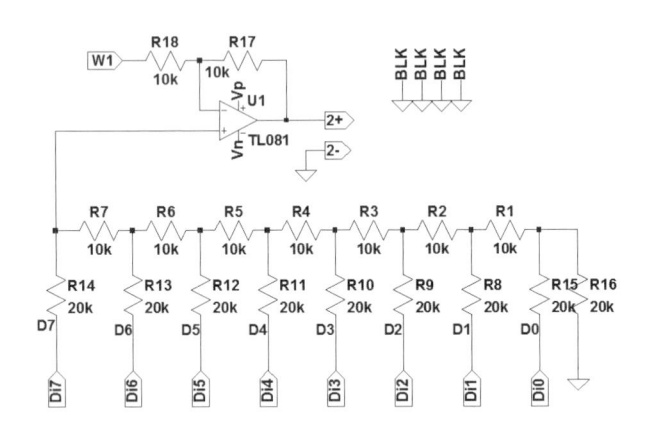

圖 10-12　圖 10-1 與 Analog Discovery Module 的接線關係圖。

簡單的低頻電路，如果只為了學習，可以使用不需銲接的**麵包板** (Breadboard) 來完成，如圖 10-13 所示。頻率較高或比較複雜的電路，應當把電路裝配在接地良好，使用銲接的電路板上。

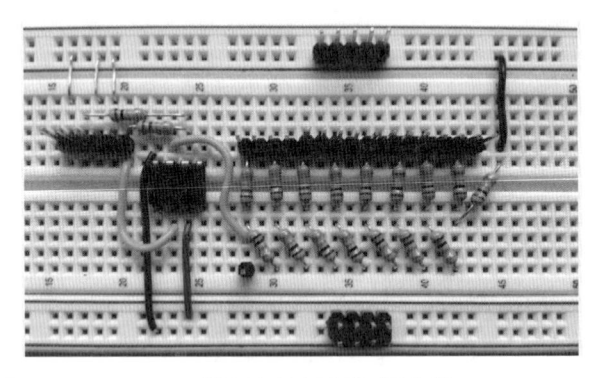

圖 10-13　裝置在使用麵包板上的 R2Rladder 電路

Analog Discovery Module，連同裝上了 **Waveform** 軟體的 PC，形成了多件由軟體操控的硬體儀器。點擊 **Analog** 部份的 **Voltage**，如圖 10-14 所示。這 2 個 5 V 電源，可以 **ON** 或 **OFF** 軟體控制。

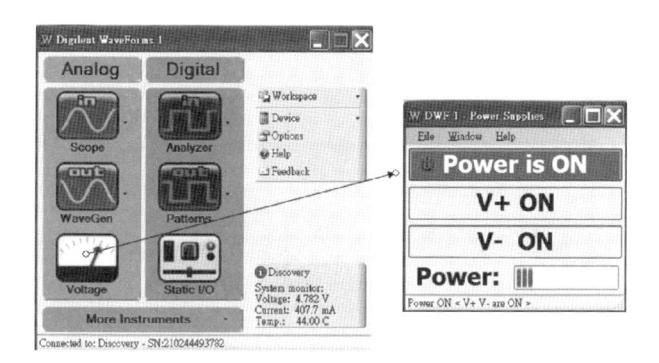

第十章　類比與數位的轉換與交連　149

◦ 圖 10-14 ◦　　Analog Discovery 的 2 個可 ON 或 OFF 的電源

用 Analog Discovery 產生二進位計數器的數位訊號，請參考附錄 E。對於本實作，步驟如下：

1. 點選 Digital Waveform 的 Patterns，再選 File>>New Patterns，便有圖 10-15 Digital Pattern Generator 視窗的出現。

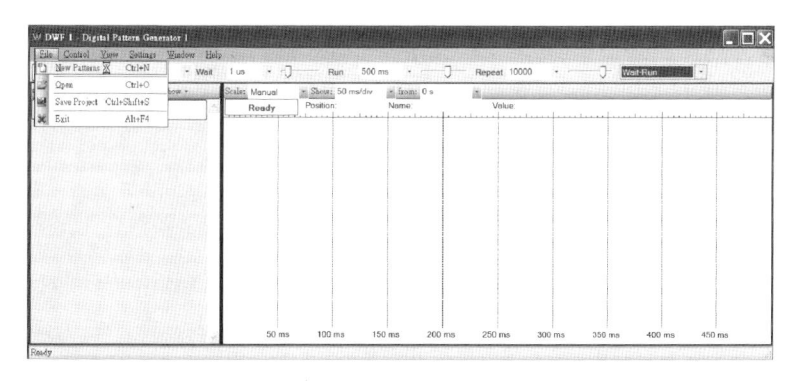

◦ 圖 10-15 ◦　　Digital Pattern Generator 視窗

2. 因為 Counter 須有 8 bits 的輸出，所以點選 +Add>>Bus，如圖 10-16 所示。

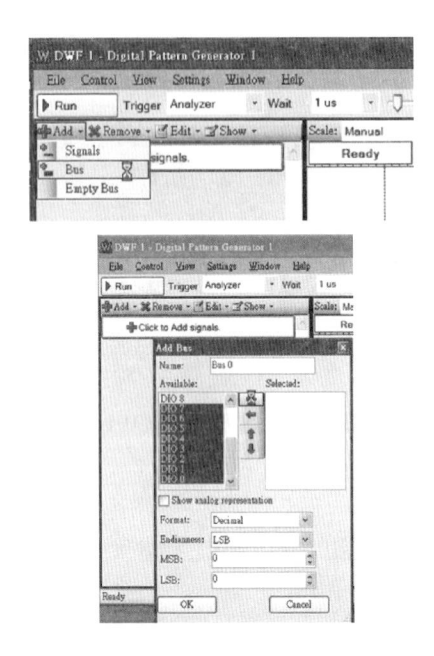

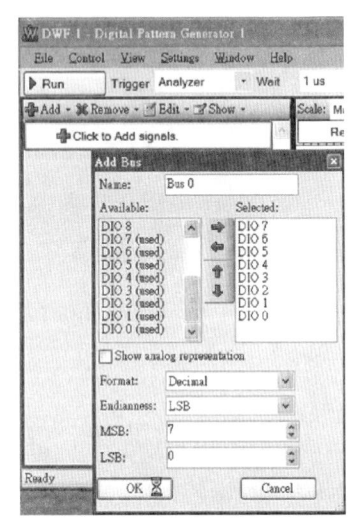

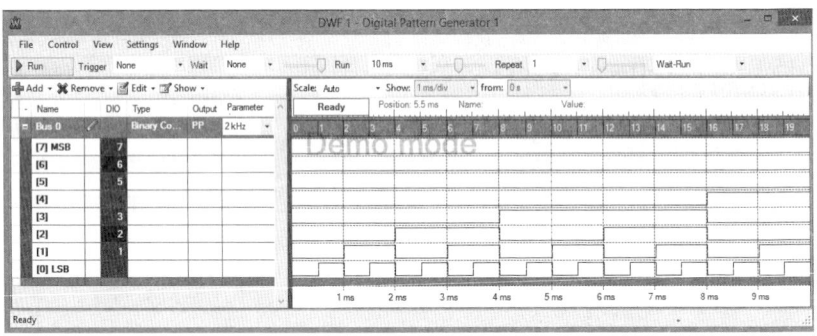

◎ 圖 10-16　　　　　Digital Pattern Generator 對 8 bit Bus 0 的設定

3. 單擊 **Digital Pattern Generator** 的 **Edit > Edit Properties of "Bus 0"**，改名為 "Data" 再在圖 10-17 Data 的 **Type** 選項中選用 **Binary Counter**，頻率為 1 KHz，於是在 Analog Discovery Module 的 PIN 0～PIN 7 組成的 **Bus 0** 便可獲得如圖 10-17 的輸出波形。

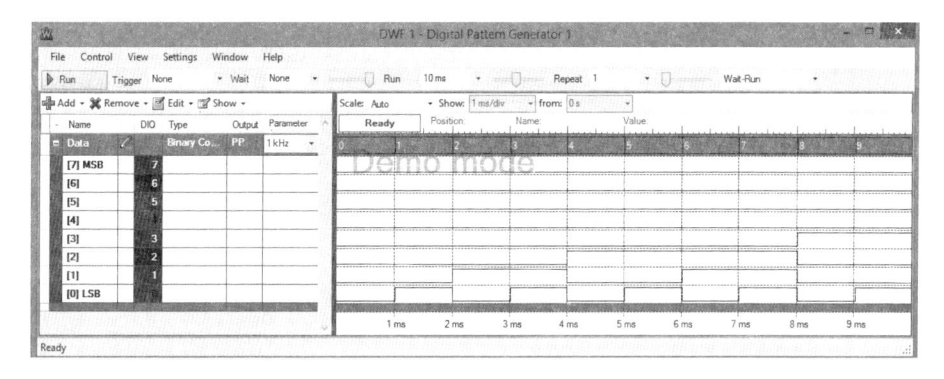

第十章　類比與數位的轉換與交連　151

圖 10-17　8 bits Binary Counter 的輸出圖形

電路中 W_1 直流參考電壓，使用 **Arbitrary Waveform Generator**。其設定如圖 10-18 所示。選用的電壓為 3 V。

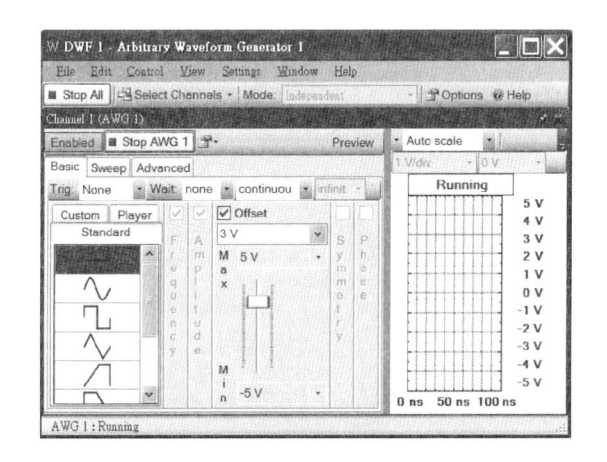

圖 10-18　W1 直流參考電壓的設定

示波器的設定如圖 10-19 所示。由於 **Binary Counter** 為 1 KHz，8 bits，所以應為 256 mS。**Time Base** 可選為 50 ms/div，這樣便可以觀測到較完整的全貌。

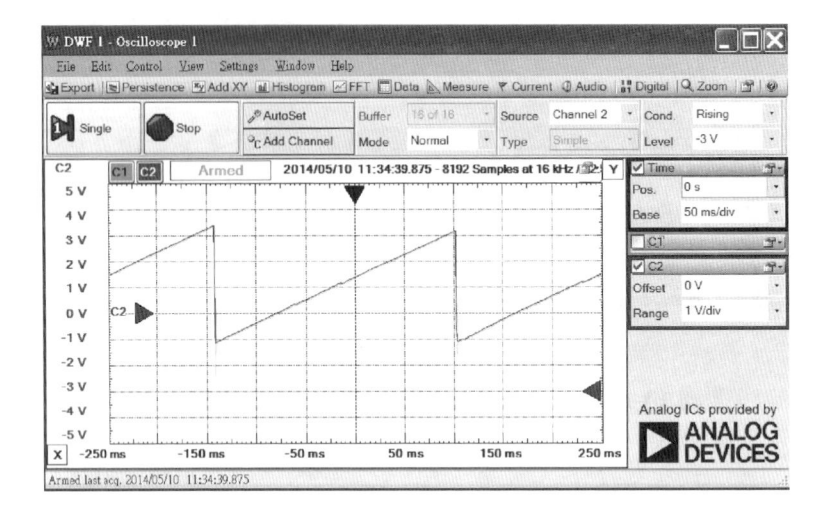

◦ 圖 10-19 ◦ 示波器的設定和所觀測到的順向鋸齒波形

10-6　課外練習

(1) 試將圖 10-11 積體電路 ADC0804 和 DAC0808 的測試裝置起來。

　　A. 改變 R_4 和 R_5 的比例，使 ADC0804 的輸入為 1 V、2.5 V、5 V。

　　B. 用 Analog 的 DVM 測量，當輸入為 1 V、2.5 V、5 V 時 TL081 V_{out} 之相對值。

(2) 試用 LM34 IC 設計一電路，以配合圖 10-11 的電路，目標為測量 0 °C ~ 100 °C 的溫度。

(3) Analog Discovery Module 內所用的 A2D 有多少個 bits？編號是什麼？設計電路板時最要考慮到的是什麼？原因何在？

(4) 試用 LTspice 改變圖 10-4 電路成為一個 4 bit Up Counter，以使圖 10-5 所顯示之波形，為圖 10-17 相似之順向鋸齒波形。

第十一章　頻率鎖相電路 PLL

頻率鎖相電路是由四個部份所組成，如圖 11-1 所示，其中的相位檢測器大多屬於數位電路外，其它的低通濾波器、放大器、和電壓控制振盪器，都是屬於類比電路。頻率鎖相電路，主要是用在通信電子上，從一連串的數位的 "0" 和 "1" 不規則的信號中，撈取**時鐘** (clock) 信號。LTspice 除了支援大部份的類比電路零件之外，還提供小部份的數位電路零件，以便於對設計作模擬測試之用。

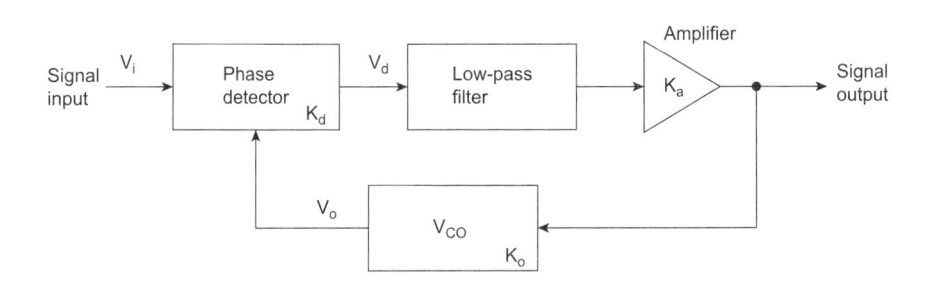

圖 11-1　頻率鎖相電路 PLL 的電路組成

◎ 11-1　相位檢測器

在 PLL 中的相位檢測器，它的兩個輸入 V_i 和 V_{CO} 的輸出 V_o，如果這兩個輸入的頻率相同，則 PLL 的輸出 V_d 為零。如果兩個輸入頻率不相同，則相位檢測器的輸出 V_d 不為零。V_d 是施加到 V_{CO} 輸入端控制電壓。

11-2　低通濾波器

不為零的相位檢測器的輸出 V_d，其中含有正負，不規則的交流脈波電壓，必須通過低通濾波器，除去其中的不規則交流脈波，獲得規則的正負直流電壓。PLL 的設計過程中，其它各項，幾乎都已固定，低通濾波器幾乎是唯一，最重要的設計項目 [註1]。

11-3　放大器、和電壓控制振盪器 V_{CO}

低通濾波器的正負直流電壓，經過放大器的放大，加到電壓控制振盪器 V_{CO}，直流正電壓提升 V_{CO} 的輸出頻率。直流負電壓降低 V_{CO} 的輸出頻率。新的 V_{CO} 頻率輸出，再輸入到相位檢測器的 V_o……。如此周而復始，維持著 V_{CO} 的輸出的相位，和輸入信號 V_i 相位相同，是為鎖相。

11-4　LM565 積體電路 PLL

圖 11-2 為 LM565 積體電路 PLL 的方塊線路圖，首先要介紹的是它的幾項重要特性：

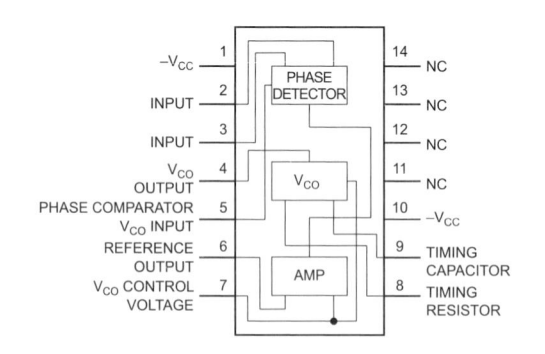

圖 11-2　LM565 積體電路 PLL

[註1] 請參閱 http://www.ti.com/lit/ds/snosbu1b/snosbu1b.pdf

1. **自由運行頻率**：當 V_i 沒有輸入信號時，V_{CO} 的輸出頻率稱為自由運行頻率 f_0。圖 11-2 的 PLL 電路，LM565 的自由運行頻率其由 Timing Capacitor C_2 和 Timing Resistor VR_1 來決定，自由運行頻率 f_0 和它們的關係：

$$f_0 = \frac{1}{3.7 VR_1 C_2}$$

公式中 f_0 的單位是 Hz，R 為 Ω，C 為 Farad。
PLL 的閉環增益 K_L 與 f_0 和 V_c 的關係：

$$K_L = K_d K_a K_0 = \frac{33.6 f_0}{V_c}$$

V_c 是 V_{cc} 和 V_{ee} 之和，二者各為 5 V 則為 10 V。

2. **鎖定範圍**：最初，PLL 和 V_{CO} 在某個頻率上，在已鎖定的狀態。如果輸入頻率 f_i 稍偏離了 V_{CO} 頻率 f_0，鎖定仍可能發生。但是當輸入頻率 f_i 偏離達到某個特定的頻率時，PLL 才失去鎖定，此時的頻率 f_i 和原來 f_0 的頻率差 f_L 稱為環路的鎖定範圍。LM565 的鎖定範圍 f_L 和 f_0 跟 V_c 的關係：

$$f_L = \frac{8 f_0}{V_C}$$

3. **捕捉範圍**：最初，環解鎖和 V_{CO} 是在不同的頻率運行。如果輸入頻率 f_i 離開 V_{CO} 的頻率 f_0 得夠遠，則解鎖仍可維持。但當輸入頻率 f_i 達到離開 f_0 足夠近的頻率上，PLL 又會鎖定。在足夠近的某頻率 f_i 和 f_0 的頻率差，稱為環路的捕捉範圍。f_c 和 f_L 及 C_2 的關係：

$$f_c = \left(\frac{1}{2\pi}\right)\sqrt{\frac{2\pi \times f_L}{3.63 \times 10^3 \times C_2}}$$

圖 11-2 為 PLL 的捕捉 f_c 和鎖定 f_L 範圍的示意圖。

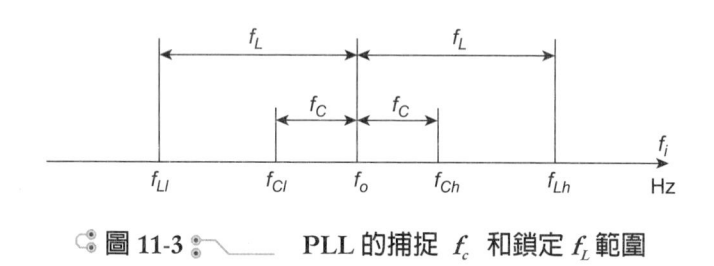

```
        |<------- f_L -------->|<-------- f_L -------->|
                     |<-- f_C -->|<-- f_C -->|
                                                                    f_i
        f_Ll         f_Cl         f_o        f_Ch        f_Lh      Hz
```

◎ 圖 11-3　　　PLL 的捕捉 f_c 和鎖定 f_L 範圍

LM565 的 free-running、lock range、capture range 和 RC 之間的設定關係，有 C/C++Program 請參考附錄 F。

11-5　LM565 積體電路 PLL 構成的調頻 (FM) 檢波器

FM 檢波器的種類很多，但是以使用 PLL 最為簡單，它除了不須用線圈，而且需要的外加電阻、電容器也最少。圖 11-4 為 LM565 構成的**調頻** (FM) 檢波器。

假定 FM 的輸入信號為 100 KHz。則自由運行頻率 f_0，也應當設定在 100 KHz 左右。如果 C_2 選用的是 500 pF，則 VR_1 當為 5.85 kΩ。

$$f_0 = \frac{1}{3.7 \times VR_1 \times C_2}$$

$$= \frac{1}{3.7 \times 5.85E3 \times 500E-12}$$

$$= 100 \text{ kHz}$$

LM565 並無 Spice Model 的提供，網路上有一篇論文的敘述[註2]。經用來測試，結果並不理想。

[註2] 參閱 http://ace.ucv.ro/sintes12/SINTES12_2005/ELECTRONICS/E9.PDF

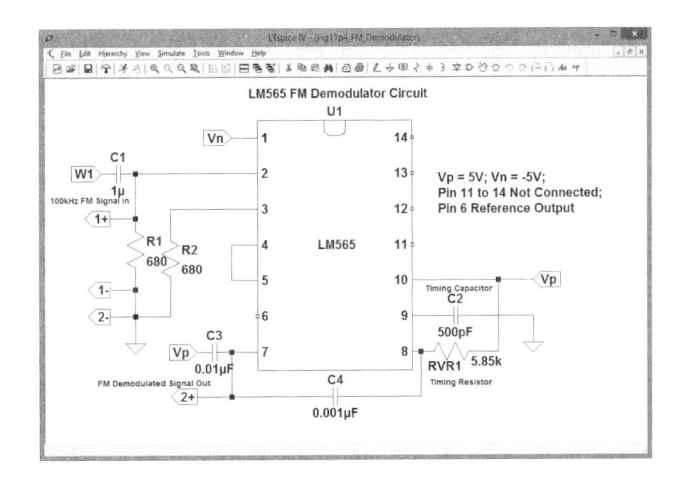

第十一章　頻率鎖相電路 PLL　159

圖 11-4　LM565 構成的調頻 (FM) 檢波器

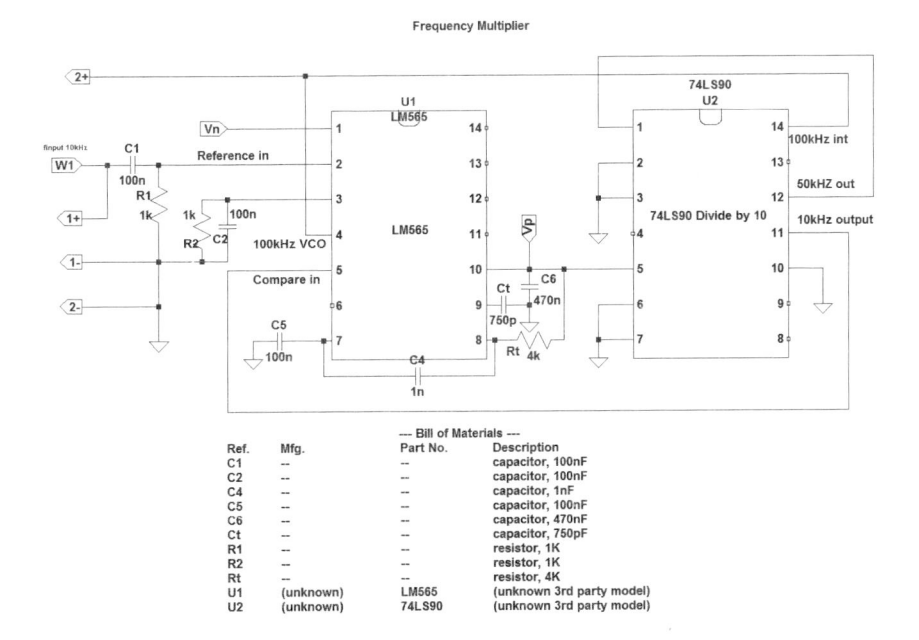

圖 11-5　LM565 構成的 10x 倍頻 (Frequency Multiplier) 電路

當 FM 100 KHz 的外來訊號，和 V_{CO} 的 $f_0 = 100$ KHz 訊號，經 LM565 的相位檢波器檢波後，FM 100 KHz 的外來訊號的頻率調變部份，造成 V_d 的輸出。構成 LM565 的調頻檢波器。

11-6　LM565 積體電路 PLL 構成的倍頻器

圖 11-5 是 LM565 構成的 10x 倍頻電路，10x 的獲得是讓 V_{CO} 的輸出，不直接連到相位檢波器。而是連接到 74LS90，這個 ÷10 的**計數器** (Counter) 上，再把 V_{CO} ÷10 後的 f_0，拿去跟外來的 10 KHz 訊號做相位檢波，鎖相的結果，V_{CO} 當然必須為 10×10 KHz = 100 KHz 了。

11-7　電路的硬體裝置與測試

由於 LM565 並無 Spice Model 的提供，所以圖 11-5 就是與 **Analog Discovery Module** 的接線關係圖。簡單的低頻電路，如果只為了學習，可以使用不需銲接的**麵包板** (Breadboard) 來完成。頻率較高或比較複雜的電路，應當把電路裝配在接地良好且使用銲接的電路板上。如圖 11-6 所示。

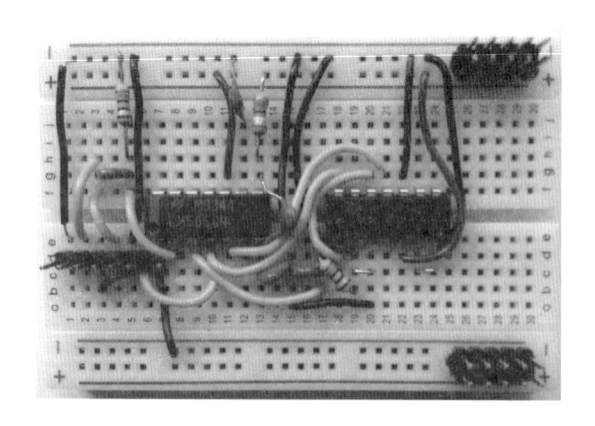

◎ 圖 11-6　裝置在使用麵包板上的 PLL 10x 倍頻電路

Analog Discovery Module，連同裝上了 Waveform 軟體的 PC，形成了多件由軟體操控的硬體儀器。點擊 Analog 部份的 Voltage，如圖 11-7 所示。這 2 個 5 V 電源，可以 ON 或 OFF 軟體控制。

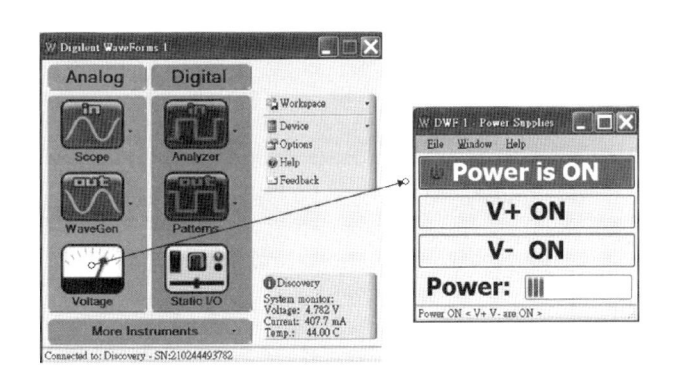

圖 11-7　Analog Discovery Module 的 2 個可 ON 或 OFF 的電源

PLL 的輸入，由 W_1 提供，它是一個電壓為 3.5 V 的方波，如圖 11-8 所示。

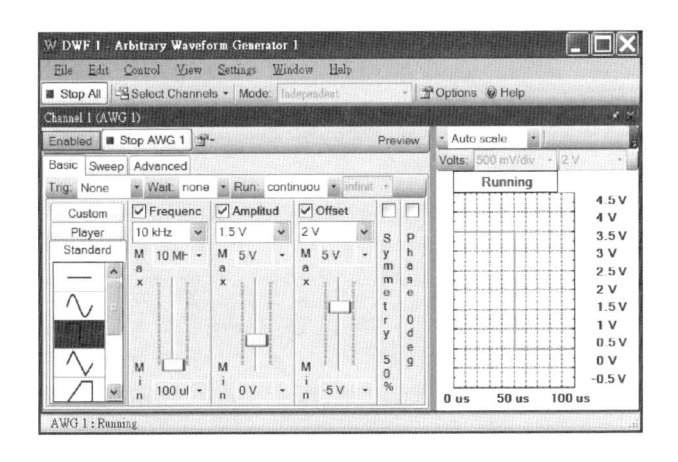

圖 11-8　輸入到 PLL 的訊號為 3.5 V 的方波由 W_1 提供

示波器 1⁺ 連接到 PLL 的輸入端，2⁺ 連接到 10×Counter 的 PLL 端。1⁻ 和 2⁻ 接地。當鎖相發生時，Counter 的輸入頻率，為 W_1 輸入頻率的 10 倍。如圖 11-9 所示。

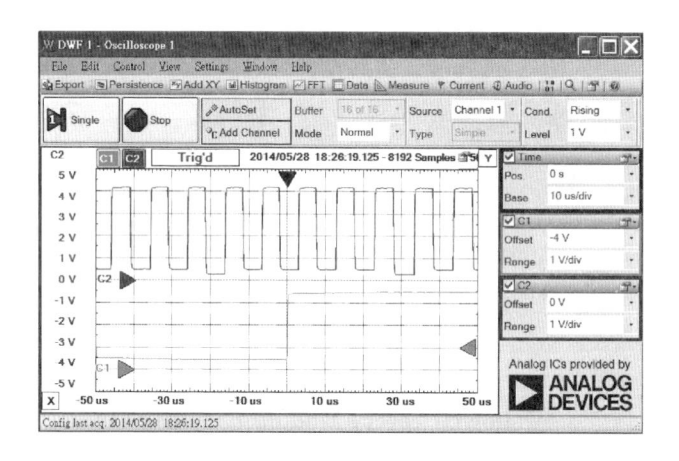

圖 11-9　鎖相發生時 V_{CO} 的輸出頻率，為 W_1 輸入頻率的 10 倍

11-8　課外練習

(1) 試實作圖 11-4 LM565 構成的調頻 (FM) 檢波器電路將 W_1 設定為 FM/100 KHz/1 KHz Modulation。示波器 2^+ 應在 V_{out} 觀察到 1 KHz 之信號。

(2) 從 (註 1)：判讀 LM565 的 Electrical Characteristics。試指出：

　　A. V_{CO} 的靈敏度和最高的**運作頻率** (Operating Frequency)。
　　B. V_{CO} 的輸出波形有那幾種，那一種被 Phase Detector 所採用？
　　C. Phase Detector 的輸出的訊號是什麼？由何處輸出？

(3) 試從 (註 1)：THE LOOP FILTER 推算在 f_0 為 100 KHz 時 Simple Lead Filter C_1 應有之值。又 Lag-Lead Filter C_1、C_2、R_2 應有之值。

(4) 試比較 4046 PLL[註3] 與 LM565 之異同點。

註3　參閱 http://www.ti.com/lit/an/scha002a/scha002a.pdf。

第十二章　傳感器與執行器

傳感器從受到周圍物理環境輸入的影響，經過轉換，輸出為電壓或電流的信號。執行器則為達到執行目的所需之器具。

傳感器 (Sensors) 是作為一個系統的輸入信號之用，它轉變某種能量或數量成為跟電有關的類比信號。執行器則負責完成系統所設計的功能之用。

12-1 傳感器

依照系統工作所需的特性來講，傳感器大致可分為：位置傳感器、溫度傳感器、光照傳感器、壓力傳感器和速度傳感器等五大類[註1]。

1. 位置傳感器：
    (1) 最常見當為**電位器** (Potentiometer)，也就是可變電阻，如圖 12-1 所示。
    圖 12-2 是位置傳感器可變電阻配合運算放大器的應用電路。
    (2) **直線型可變差動變換器** (Linear Variable Differential Transformer)。
    圖 12-3 為直線型可變差動變換器與其特性。

[註1] 請參考 http://www.electronics-tutorials.ws/category/io

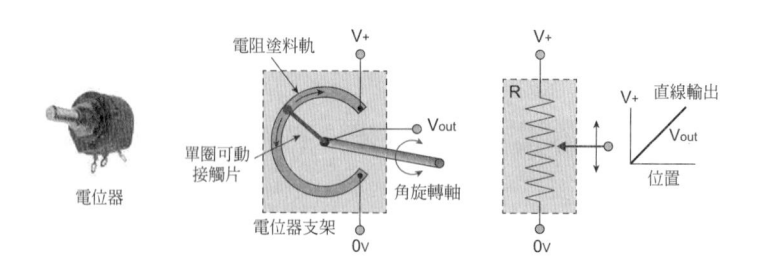

◎ 圖 12-1 位置傳感器可變電阻的組成
(取自 www.electronics-tutorials.ws)

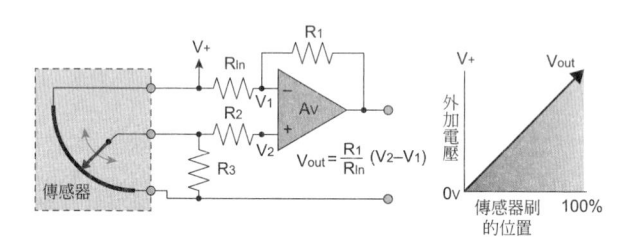

◎ 圖 12-2 位置傳感器可變電阻配合運算放大器的應用電路
(取自 www.electronics-tutorials.ws)

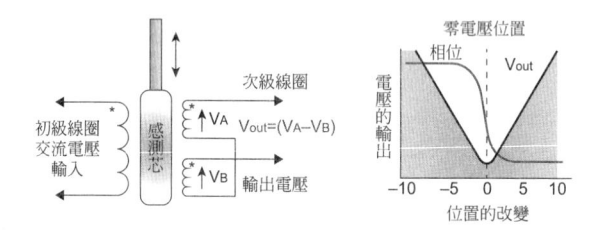

◎ 圖 12-3 直線型可變差動變換的組成與特性
(取自 www.electronics-tutorials.ws)

(3) **電感式接近傳感器** (Inductive Proximity Sensor)。如圖 12-4 所示。

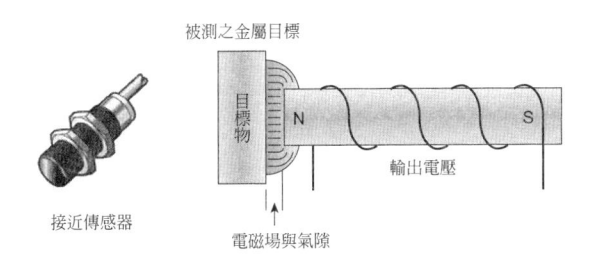

图 12-4　電感式接近傳感器
(取自 www.electronics-tutorials.ws)

(4) **絕對位置編碼器** (Absolute Position Encoder)。如圖 12-5 所示。

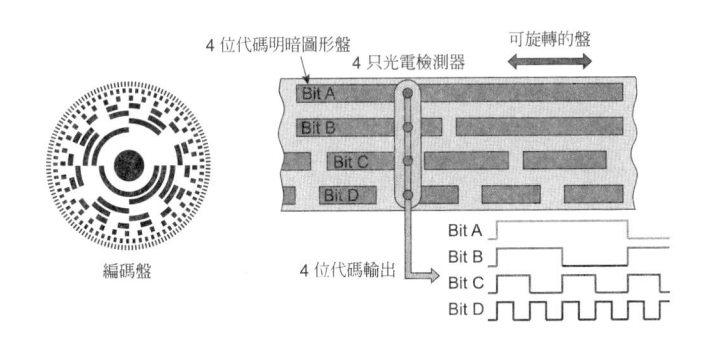

圖 12-5　絕對位置編碼器結構與輸出
(取自 www.electronics-tutorials.ws)

2. 溫度傳感器

　　所有傳感器中,最為普遍被應用最多的,當為溫度傳感器。這一類的傳感器種類很多,從簡單的 ON/OFF 開關,用來控制恆溫設備如日常生活的熱水加熱系統。到控制高度敏感度的半導體設備,和複雜的可以過程控制的鍋爐等。基本上溫度傳感器可分成 "接觸式" 和 "非接觸式" 等二大類:

(1) **雙金屬溫控器** (The Bi-metallic Thermostat)。如圖 12-6 所示。

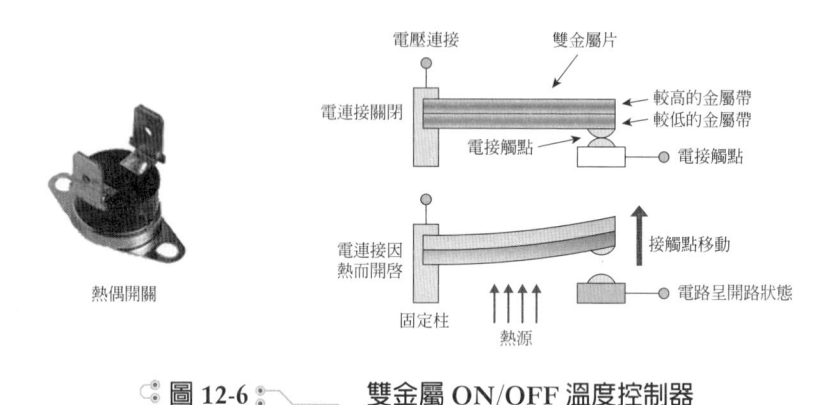

◎ 圖 12-6 ── 雙金屬 ON/OFF 溫度控制器
(取自 www.electronics-tutorials.ws)

(2) **熱敏電阻** (Thermister)，和它的控制電路，如圖 12-7 所示。

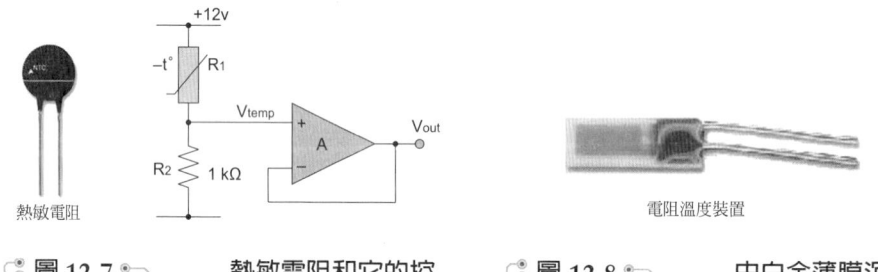

◎ 圖 12-7 ── 熱敏電阻和它的控制電路 (取自 www.electronics-tutorials.ws)

◎ 圖 12-8 ── 由白金薄膜沉積在白色陶瓷基板上的精密溫度探測器
(取自 www.electronics-tutorials.ws)

(3) **電阻溫度探測器** (Resistive Temperature Detector, RTD)。如圖 12-8 所示。由高純度金屬是由鉑、銅或鎳纏繞成線圈，其電阻的變化作為溫度的函數，類似於熱敏電阻。此外，還有用薄膜 RTD 白金薄膜沉積在白色陶瓷基板上，組成精密的溫度探測器。

(4) **熱電偶** (Thermocouple)，和它的放大電路，如圖 12-9 所示。

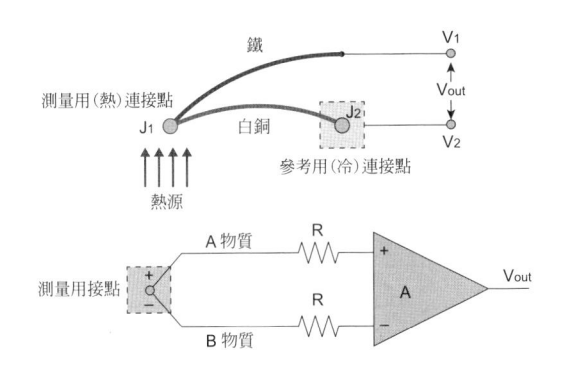

圖 12-9　熱電偶，和它的放大電路

(取自 www.electronics-tutorials.ws)

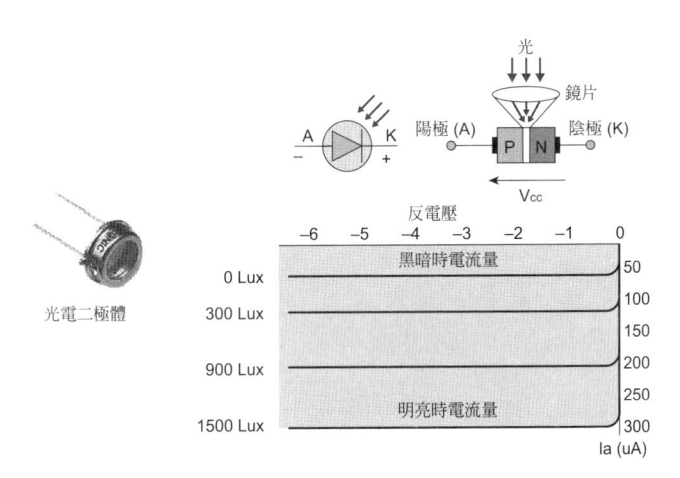

圖 12-10　光電二極體和它的光照與外加逆勢電壓的電流關係

(取自 www.electronics-tutorials.ws)

3. 光的傳感器

　　光傳感器 (Light Sensors) 能夠將 "光能量" 轉換成電的信號，的 **無源** (Passive) 器件。光傳感器通常被稱為 "光電器件"。光的傳感器，依照其特性可以分為二大類：

(1) **自發光單體** (Photo-Emissive Cell)。光敏感物質能夠在光的照射下，釋放出自由電子。圖 12-10 便是**光電二極體** (Photo Diode) 和它的光照與外加逆勢電壓所產生的電流關係。圖 12-11 為配合光電二極體的運算放大器電路。圖 12-12 為**光電電晶體** (Photo Transistor) 的示意圖和它的特性曲線圖。圖 12-13 為**單一太陽電池** (Single Solar Cell) 的光電特性關係。

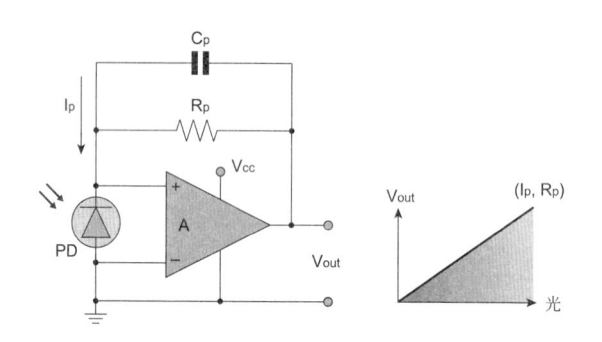

◎ 圖 12-11　　配合光電二極體的運算放大器電路

(取自 www.electronics-tutorials.ws)

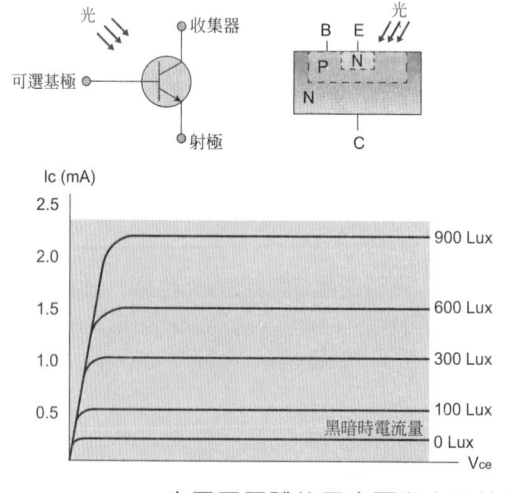

◎ 圖 12-12　　光電電晶體的示意圖和它的特性曲線

(取自 www.electronics-tutorials.ws)

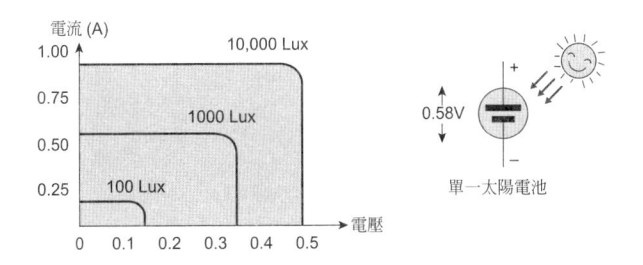

◎ 圖 12-13　　單一太陽電池的光電特性關係
(取自 www.electronics-tutorials.ws)

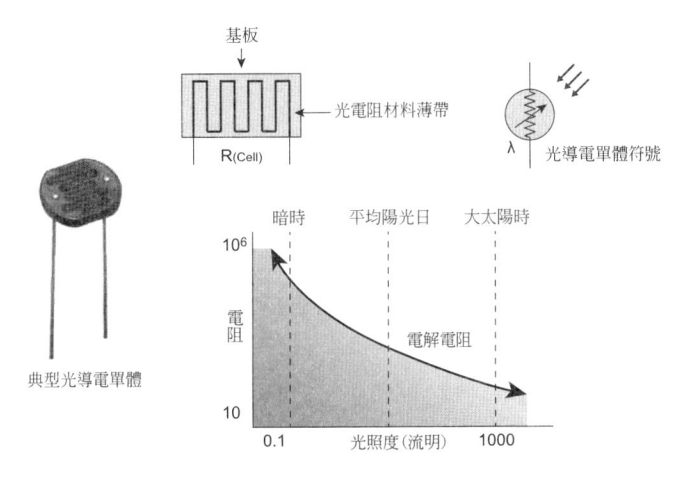

◎ 圖 12-14　　LDR 的外觀和它的光和電阻間的關係
(取自 www.electronics-tutorials.ws)

(2) **光導電單體** (Photo Conductive Cell)。能夠將"光能量"改變半導體物質電阻值的器件。又稱**光敏電阻** (Light Dependent Resistor, LDR)，圖 12-14 為 LDR 的外觀和它的光和電阻間的關係。圖 12-15 為 LDR 的開關控制電路。

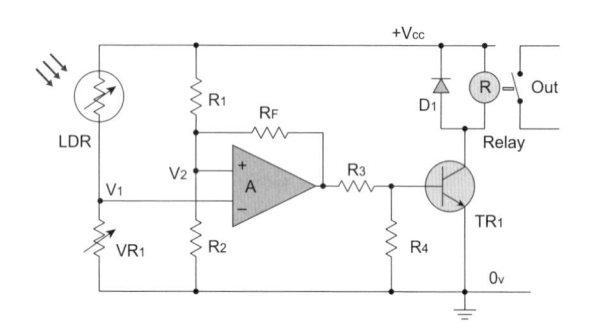

◎ 圖 12-15 　　LDR 的開關控制電路

(取自 www.electronics-tutorials.ws)

4. 壓力感測器

　　壓力感測器包括聲壓及壓電二種。**動圈式麥克風**(Dynamic Moving-coil Microphone Sound Transducer) 的聲音轉換成電能。原理是音波推動固定磁場中的線圈，因為動圈切割磁力線而產生電壓，如圖 12-16 所示。

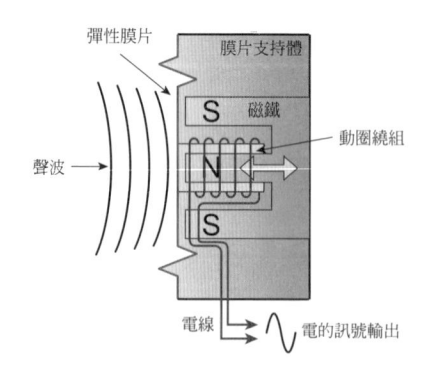

◎ 圖 12-16 　　動圈式麥克風的聲音轉換成電能

(取自 www.electronics-tutorials.ws)

　　石英體的壓電效能：石英振動傳感器如圖 12-17 所示，當石英晶體受到衝擊力，在不需要外加電流下，就能產生脈衝電壓。

◎ 圖 12-17 ◎　　　石英體受到衝擊力就能產生脈衝電壓
(取自 www.electronics-tutorials.ws)

5. 速度傳感器

如果速度來自旋轉體，例如車輪可以在車輪上裝置磁鐵，然後利用對磁性感應靈敏的 Hall Effect 傳感器，來測算速度。如圖 12-18 所示。

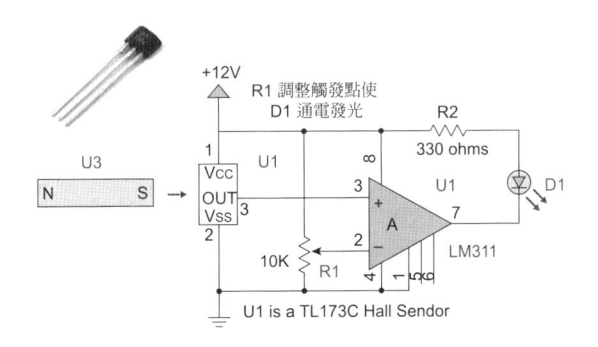

◎ 圖 12-18 ◎　　　Hall Effect 傳感器對旋轉體的速度測量
(取自 www.electronics-tutorials.ws)

利用超音波發射和接收的原理，如圖 12-19 也可以經由計算，測量速度和距離。

如果旋轉體為薄片，而且體積合宜。可以利用**紅外輻射調速器光電傳感器模塊** (Infrared Radiation Velometer Photoelectric Sensor Module)。來阻斷和開放光電的通路方式來測量速度。如圖 12-20 所示。

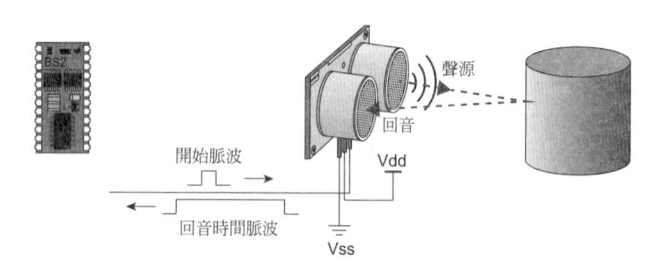

◎ 圖 12-19 　利用超音波發射和接收的原理來測量速度和距離
(取自 www.electronics-tutorials.ws)

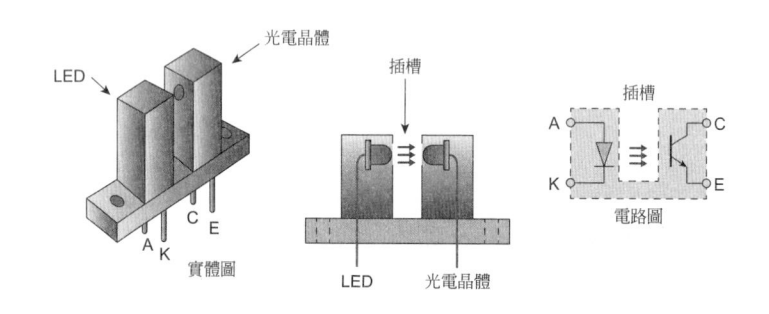

◎ 圖 12-20 　紅外輻射調速器光電傳感器模塊測量旋轉體的速度
(取自 www.electronics-tutorials.ws)

　　實驗用的傳感器，大多數都可以在銷售 Arduino 及其附件的電子零件或網路電子商品店買到。而且價格合宜。

12-2　執行器

　　電動馬達是主要的**執行器** (Actuators)，它改變電能成為機械能。直接或間接執行所需的任務。電動馬達又分為直流和交流二大類。直流馬達又分成**永磁型** (Permanent Magnets)，和激磁型二種。如圖 12-21 所示。

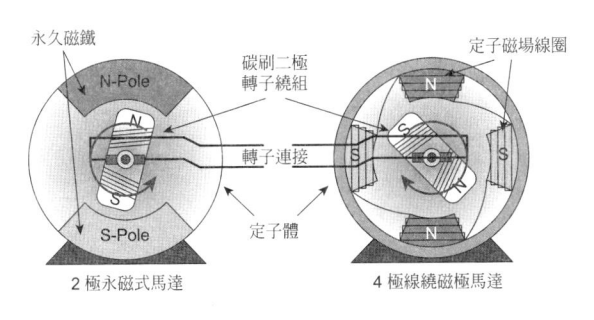

第十二章 傳感器與執行器

▣ 圖 12-21　永磁型和激磁型直流馬達
(取自 www.electronics-tutorials.ws)

　　直流馬達的**轉子** (Rotor) 的激磁線圈又分成串激式和並激式二種。如圖 12-22 所示。外接供電又分**碳刷** (Brushed) 和**非碳刷** (Brushless) 二大類。

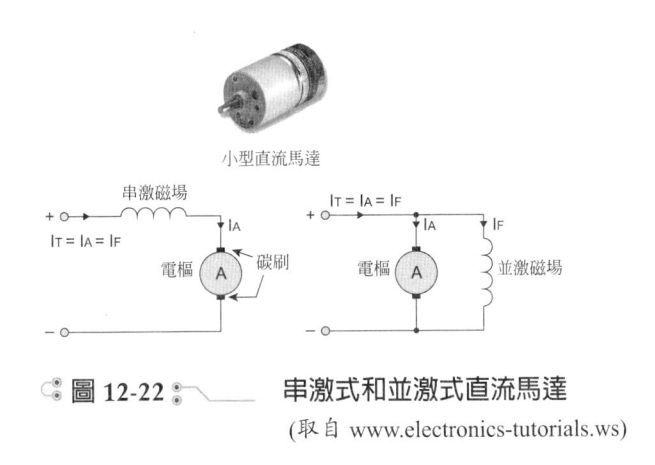

▣ 圖 12-22　串激式和並激式直流馬達
(取自 www.electronics-tutorials.ws)

　　小型直流馬達的轉動速度和扭力可以用電晶體 PWM 電路加以控制。如圖 12-23 所示。並聯在馬達二端的 Diode 是保護電晶體不受馬達線圈引起的負性脈波所損毀。

　　伺服馬達 (Servo Motor)。是使用小型直流馬達，加上減速齒輪和回授環路來完成。如圖 12-24 所示。

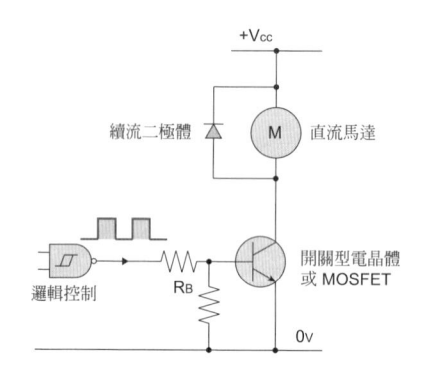

◎ 圖 12-23 ◎　　電晶體 PWM 電路控制馬達的轉動速度和扭力
(取自 www.electronics-tutorials.ws)

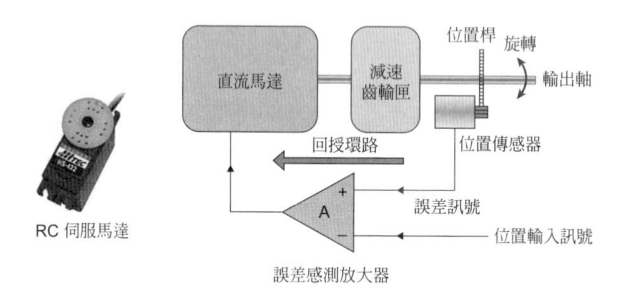

◎ 圖 12-24 ◎　　伺服馬達的系統結構
(取自 www.electronics-tutorials.ws)

　　控制加壓到直流馬達的正負極，就可以改變直流馬達的轉動方向。使用 DPDT 或 SPST 開關，就能達到轉動方向的控制，如圖 12-25 所示。

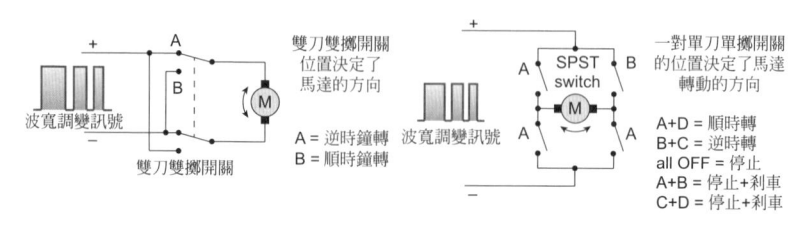

◎ 圖 12-25 ◎　　使用 DPDT 或 SPST 開關，控制直流馬達的轉動方向
(取自 www.electronics-tutorials.ws)

使用電晶體組成的電路，如圖 12-26 所示，可以快速地控制直流馬達的轉動方向。並且保護 TIP125/TIP120 電力電晶體不受線圈的反電壓脈波所破壞。

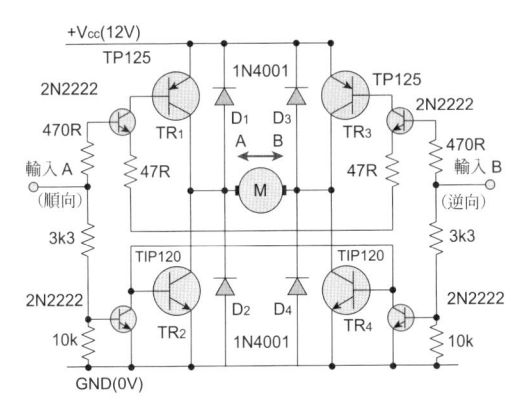

図 12-26　直流馬達的轉動方向使用電晶體電路來控制
(取自 www.electronics-tutorials.ws)

步進馬達 (Stepper Motor) 可以用多向脈波來精確地控制馬達的旋轉的角度與方向。它的結構如圖 12-27 所示。

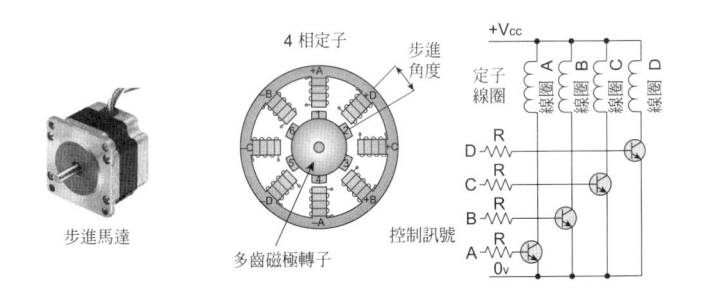

図 12-27　步進馬達的結構與接線關係
(取自 www.electronics-tutorials.ws)

SAA1027 是專為簡化推動 4 組線圈的步進馬達而設計的 IC，圖 12-28 是它與步進馬達的連線關係[註2]。

註2　請參考 http://baec.tripod.com/datasheets/SAA1027_philips.pdf

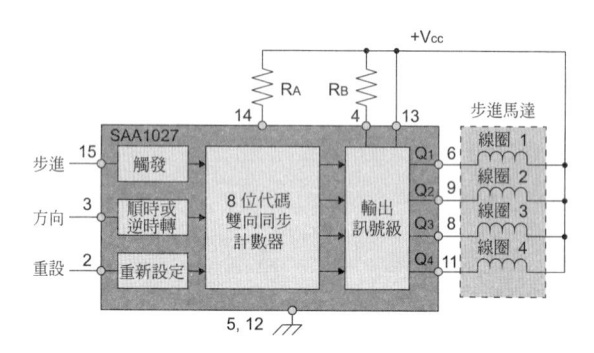

圖 12-28　使用 SAA1027 IC 來控制步進馬達的連線

動圈式揚聲器 (Moving Coil Loudspeaker)。也屬於執行器的一種，它被物理實驗室用來做各式各樣的中低頻率的線性或正弦波的運動。圖 12-29 是它的結構。

高傳真度 (Hi-Fi) 系統的揚聲器系統是由三組不同的濾波器和音域不同的動圈式揚聲器所組成。如圖 12-30 所示。

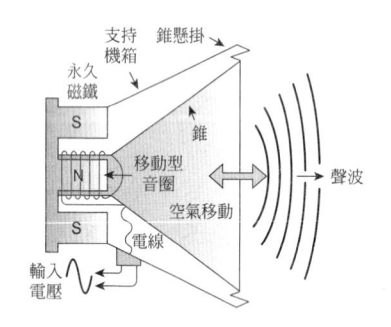

圖 12-29　動圈式揚聲器的結構 (取自 www.electronics-tutorials.ws)

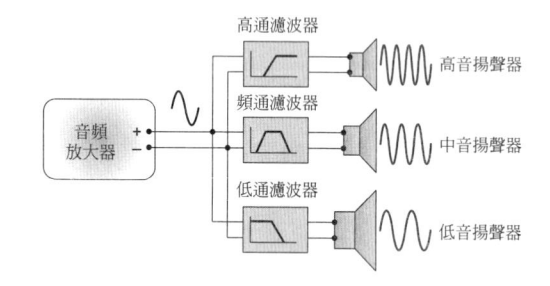

圖 12-30　組成高傳真度系統的揚聲器系統 (取自 www.electronics-tutorials.ws)

12-3　課外練習

(1) 試述如何利用超音波發射和接收來測量速度的方法？

(2) 試用 LTspice 來說明圖 12-23 使用 Flywheel diode 的必要性。

(3) 圖 12-28 使用 SAA1027 IC 來控制步進馬達的連線中，是否也需要加接 4 只 Diodes 來保獲 SAA1027 的輸出電晶體？

(4) 圖 12-30 高傳真度系統的揚聲器濾波器是否可採用由運算放大器組成之 Active Filters？請說明原因。

(5) 試述 Hall Effect 傳感器的工作原理？

(6) 試述產生 PWM 波形的方法？用以控制馬達的轉動速度和扭力。

(7) 試比較 RTD、Thermister 和 LM35 IC 型溫度傳感器的效能。

附錄 A　電路在麵包板上的佈置

電路在麵包板上的佈置可以用電晶體 2N3094 為中心，劃出一個十字，成四個象限。

象限 1 為電路的 Base 端電路。
象限 2 為電路的輸入端。
象限 3 為 Emitter 的電路端。
象限 4 為 Collector 的電路端和其輸出端的電路。

這樣安排的結果，避免電極間，因麵包板接線座相近二行間產生的 Miller 電容，可能引起的意外回授。如圖 A-1 所示。

The Miller Effect

圖 A-1　麵包板接線座相近二行產生的 Miller 電容

象限 2 電路的輸入端，接線架的 6 個接頭，由左到右，它們是 W1、GND、GND、1^-、N/C、1^+。象限 4 電路的輸出端，接線架的 6 個接頭，由左到右，它們是 2^+、GND、GND、+5V、−5V、2^-。麵包板的最上端一行為 +5 V，最上端第二行和最下端的上面一行為 GND，最下端一行為 −5 V。紅色接線連接 +5 V，藍色接線連接 −5 V，黑色接線連接 GND。如圖 A-2 Common Emitter Amplifier 的電路佈置所示。

181

這樣佈置的優點是輸入、輸出、電晶體的各個電極明顯地各佔一方。要在 Emitter 加一只負回授電阻，以改進失真率，也易於入手。

將圖 A-2 略加修改，就成為圖 A-3 是 Common Base Amplifier 的電路佈置。

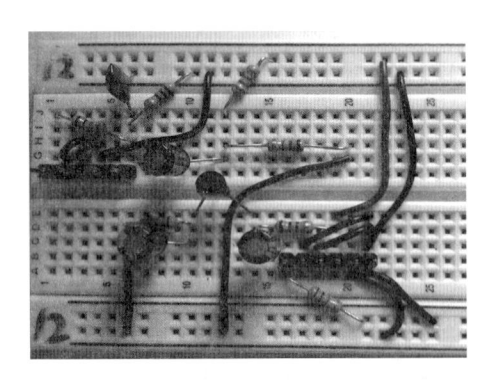

圖 A-2　Common Emitter Amplifier 的電路佈置

圖 A-3　Common Base Amplifier 的電路佈置

同樣將圖 A-2 的集極加以修改，就成為圖 A-4 的 Emitter Follower 的電路佈置。

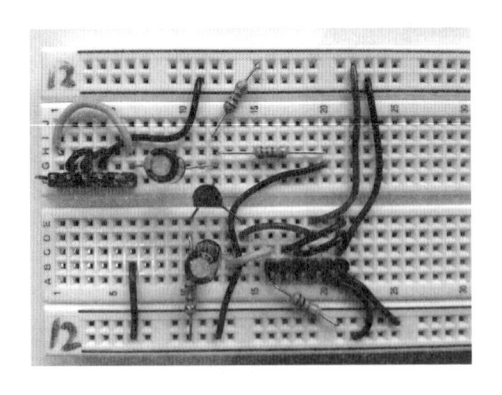

圖 A-4　Emitter Follower 的電路佈置

附錄 B　LTspice 頻輸入和輸出阻抗的測量

放大器的輸入和輸出阻抗，與輸入訊號的頻率有密切的關係。以射極接地放大器為例，測試其輸入阻抗可分以下 9 個步驟：

1. 圖 B-1 令輸入為一個 I1 的 AC 電流源。

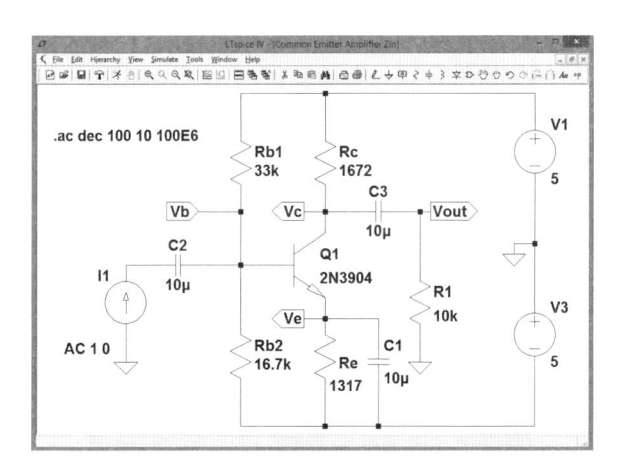

圖 B-1　射極接地放大器，輸入為一個 I1 的 AC 電流源

2. Run 放大器摸擬測試，得圖 B-2。

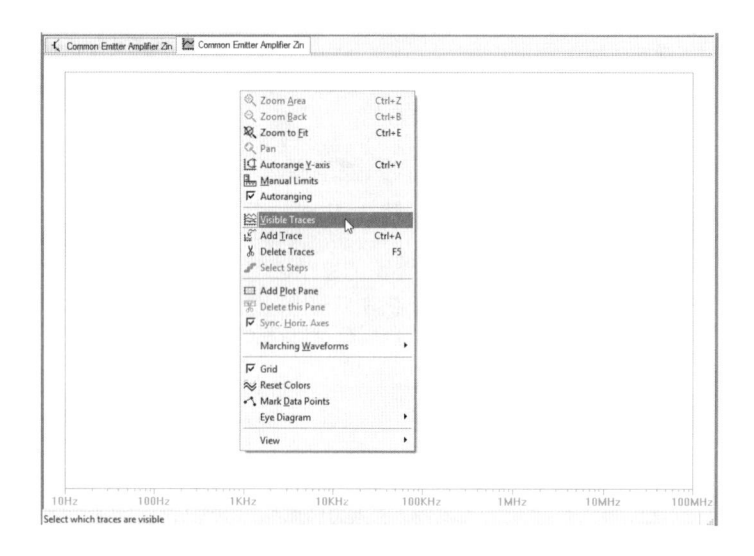

圖 B-2　選取 Visiable Traces 以觀測放大器的各接點

3. 選取圖 B-3 之 Vb，以便觀測放大器的輸入阻抗。

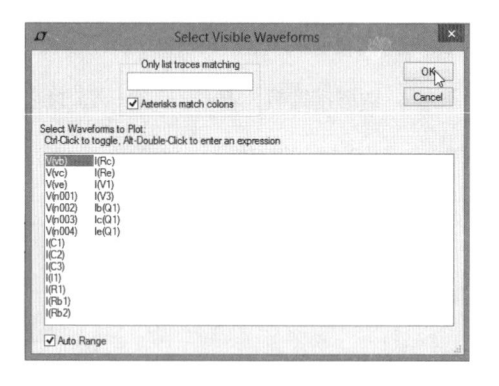

圖 B-3　選取 Vb，以便觀測放大器的輸入阻抗

附錄 B　LTspice 頻輸入和輸出阻抗的測量　185

4. 在圖 B-4 Vb 出現後，再人工重新設定圖形的極限

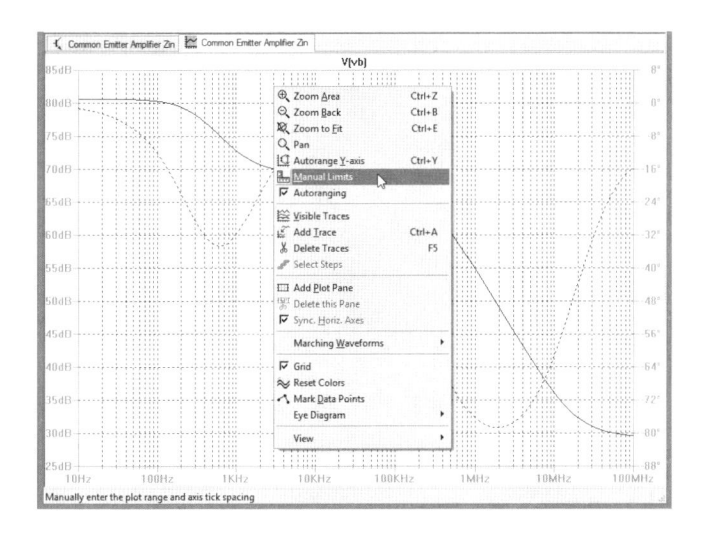

圖 B-4　選取 Manual Limits 以便圖形極性的改變

5. 改變圖 B-5 的垂直軸 Y 由 dB 成 Linear。

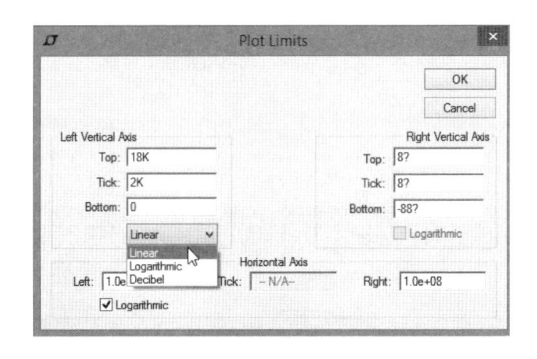

圖 B-5　改變垂直軸 Y 由 Decibel 成 Linear

6. 改變後圖 B-6 之 Y 軸的單位為電壓 V。

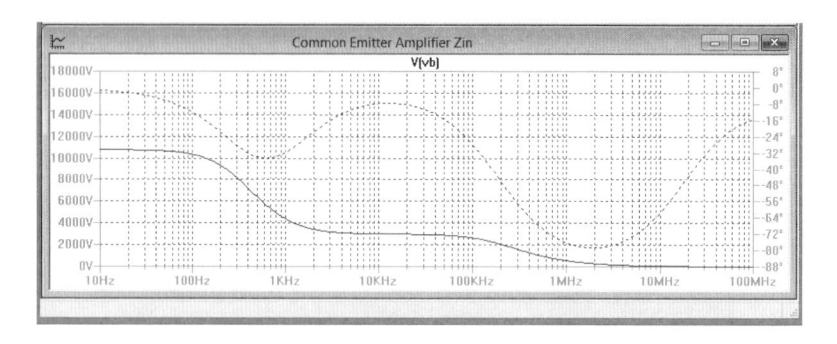

🔗 圖 B-6 🔗　　　新的 Vb 圖形，其 Y 軸的單位為電壓 V

7. 右擊圖 B-6 的空白處，得 Vb 之 Expression Editor。這裏可以做數學的演算。

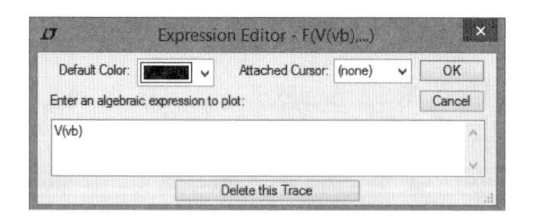

🔗 圖 B-7 🔗　　　Expression Editor 容許做數學的演算

8. 圖 B-8 是將 V(vb) 除以經由 c2 輸入到電晶體基極的輸入電流。

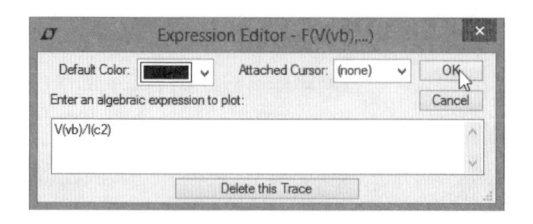

🔗 圖 B-8 🔗　　　輸入阻抗 Zin = V(vb)/I(c2)

附錄 B　LTspice 頻輸入和輸出阻抗的測量　187

9. 單擊圖 B-8 右上方的 OK，最後得到了圖 B-9 射極放大器的輸入阻抗。

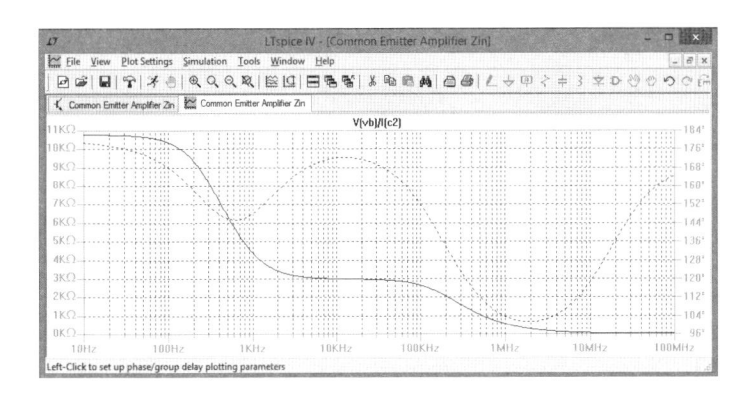

◎ 圖 B-9　射極放大器的輸入阻抗與頻率的關係

從圖 B-9 可以看到這個射極放大器的輸入阻抗，特別在 10 Hz 到 5 KHz 低頻部份變化很大。如果不經改良，直接拿來做音頻放大器。必將引起失真。同時當頻率超過 5 MHz 輸入阻抗又變得極低。當然又不適合做高頻放大器了。

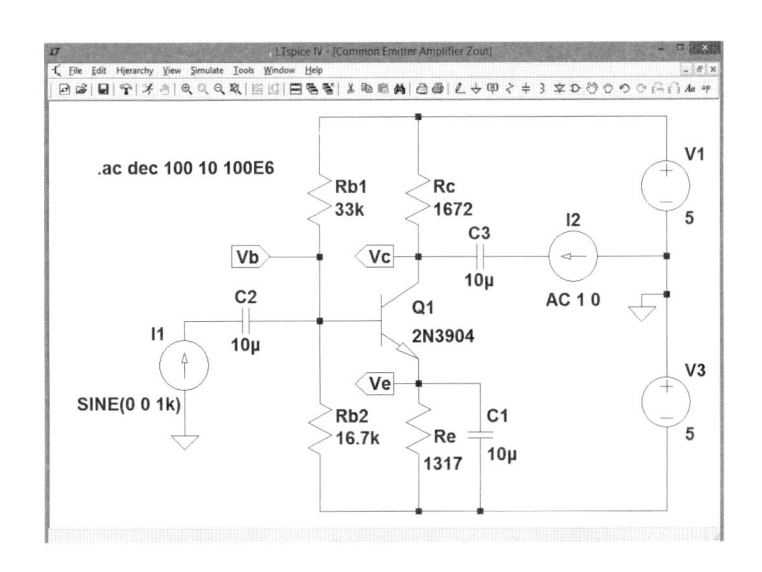

◎ 圖 B-10　測試射極放大器輸出阻抗的設置

測試射極放大器輸出阻抗，它的設置如圖 B-10 所示。與輸入阻抗的測試相彷，也是用 9 個步驟來完成。它的最後結果如圖 B-11 所示。

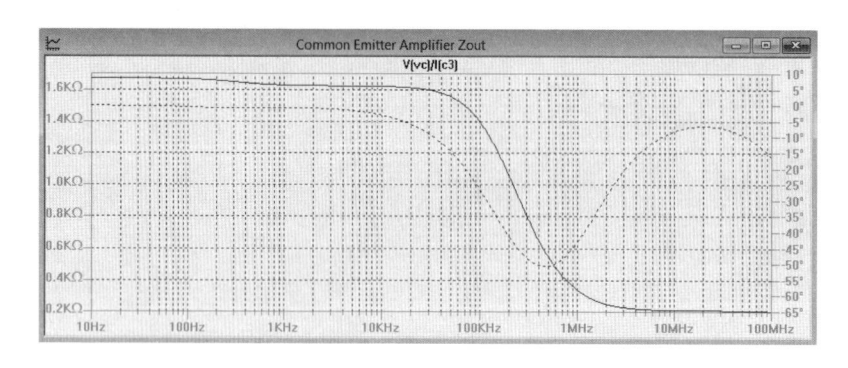

圖 B-11　測試射極放大器輸出阻抗與頻率的關係

附錄 C Simulation with Model not in LTspice Library

　　LTspice 模型庫 (Model Library) 中的零件，尤其是運算放大器 (Operational Amplifiers) 都是 Linear Technology 公司的產品。其它公司的產品，如 TI 德州儀器的 TL081 運算放大器，就不在其內。如何將這些不在模型庫內的零件，納入 LTspice Progrm 中來做模擬測試？它的程序如下：

1. 大部份的 IC spice model，可以從網路或其它的 Simulator Library 中 **download** 或 **copy** 下來。以 TL081 為例，它的 Model 如圖 C-1 所示。

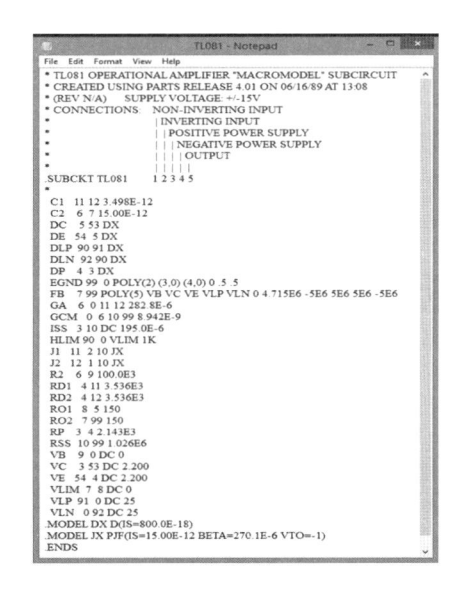

圖 C-1　TL081 的 Spice Model 檔案

把該檔案重新命名為 TL081.LIB，並且把它存入電路設計的同一檔案夾內。

2. 開啓電路設計的 LTspice file：並且選用 **Edit >SPICE Directive** 如圖 C-2 所示。

189

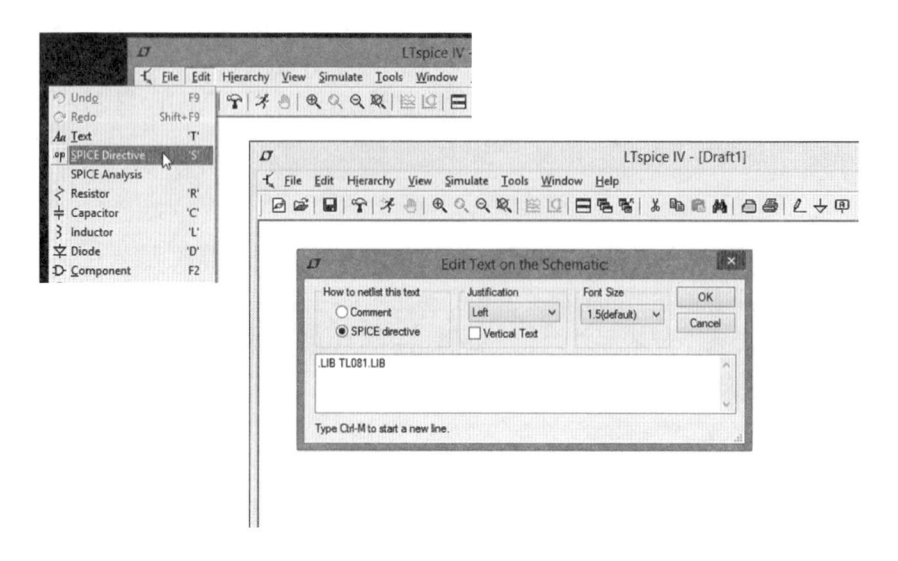

圖 C-2 開啟 LTspice 電路設計檔案，選用 Edit > SPICE Directive

在圖 C-2 的 Edit Text on the Schematic 中填入 .LIB TL081.LIB，讓這個外來的 Model 檔案進入要設計的電路圖中。如圖 C-3 所示。

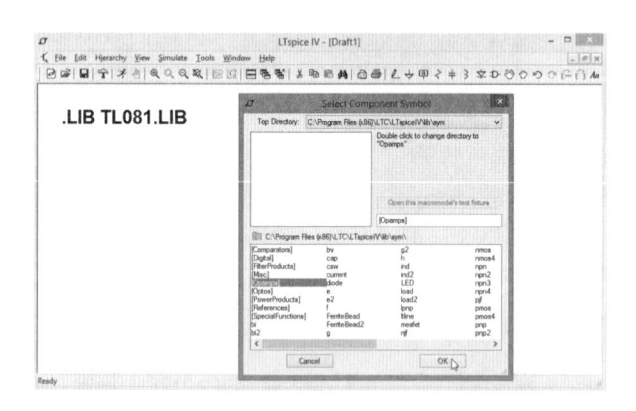

圖 C-3 TL081 Model 進入要設計的電路圖中

3. 電路符號的配合：再從圖 C-3 來到 Select Component Symbol 視窗，選用其中的 **Opamps**。結果如圖 C-4 。

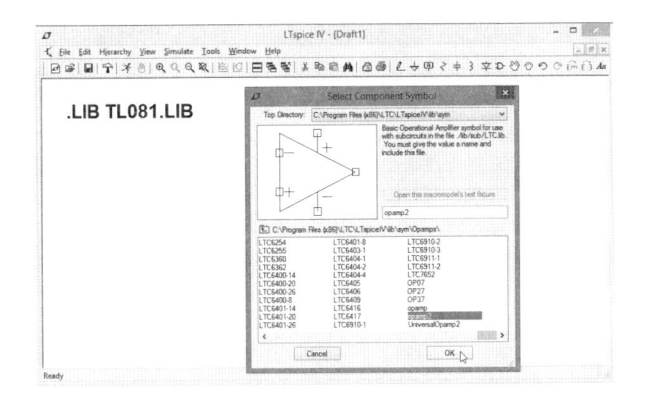

附錄 C Simulation with Model not in LTspice Library

◦ 圖 C-4 ◦　　選用 opamp2，Select Component Symbol 顯示有 5 個 Node 的 OPA

選用圖 C-4 中的 opamp2，Symbol 顯示有 5 個 Node 的 OPA，它和圖 C-1 的 TL081 同樣的 5 個 Node 相配合。結果如圖 C-5 所示。

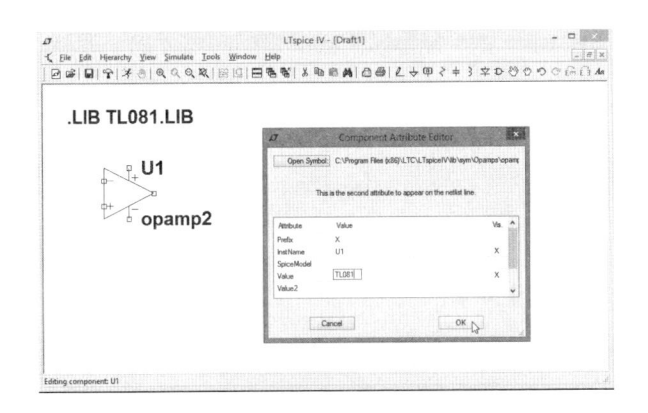

◦ 圖 C-5 ◦　　零件 Attribute 的改變，將 Value 為 opamp2 改寫成 TL081

4. 零件命名的改變：將圖 C-5 Value 為 opamp2 改成 TL081。接下來單擊 OK，產生圖 C-6 的單一 TL081 和 .LIB TL081.LIB。電路設計加上電源，接線和輸入訊號。成為一個 Voltage Follower 電路，如圖 C-6 所示。

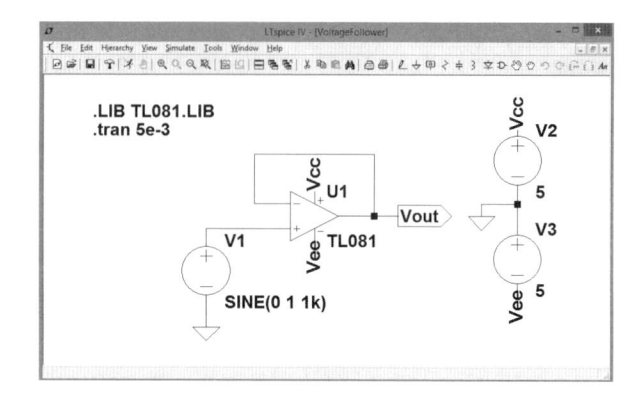

192　iLAB Analog 類比電路設計、模擬測試與硬體除錯

◎ 圖 C-6 ◎ 　　用 TL081 設計成的 Voltage Follower 電路

5. 完成了必要的程序：圖 C-7 為 Voltage Follower 電路 Simulation 的結果。

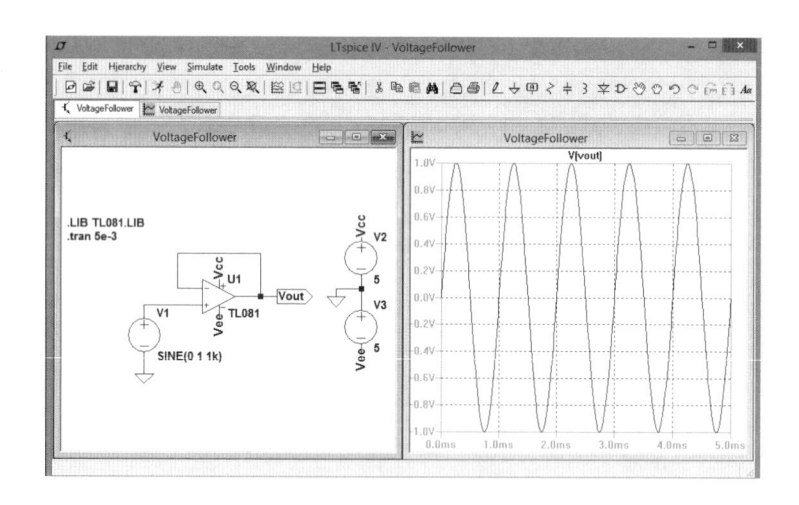

◎ 圖 C-7 ◎ 　　Voltage Follower 電路 Simulation 的結果

附錄 D　Subckt 的產生和應用

一個有多個 Nodes 的電路，如果只有少數 Nodes 是必需的，可以把它拿來另外組成一個名為 Subckt 的電路，這樣可以簡化電路的組成。下面是將第五章的差動式放大器來做的例子。在圖 D-1 選用 **View** > **SPICE Netlist**。

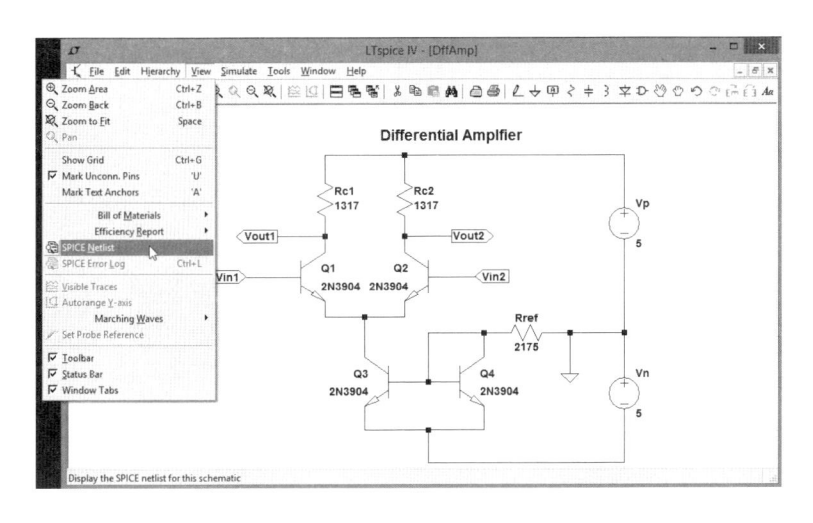

圖 D-1　差動式放大器的組成

圖 D-2 是圖 D-1 的 Netlist file，屬於不可改變，保護型檔案。要修改它成為 Subckt，就必須右擊該 Netlist file 的空白處，並儲存在一指定的 folder 中，暫定為 Subckt，而且命名為 Diff_Amp.cir。如圖 D-3 所示。

經過 Edit 後轉變成 SUBCKT MY_DIFF_AMP 如圖 D-4 所示。有二點要注意的是：

1. 圖 D-4 比 圖 D-3 多加了 .SUBCKT MY_DIFF_AMP　Vin1，Vin2，Vout1，Vout2，0，Vin1，Vin2，Vout1，Vout2，0 必須取自圖 D-3 中的 Node。不可來自他方。

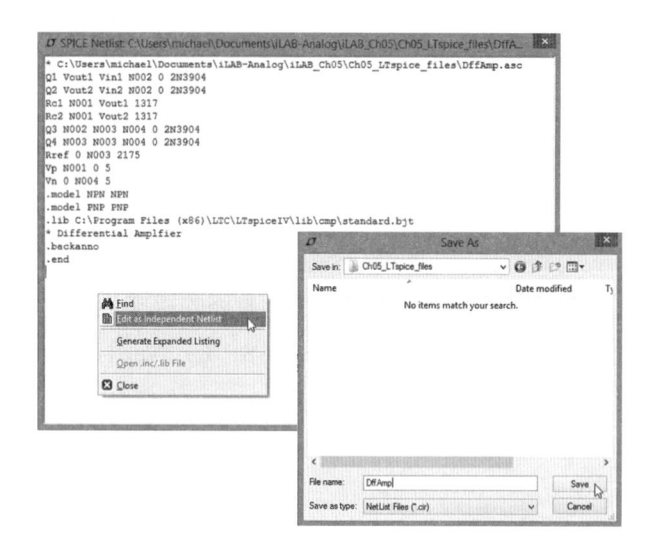

圖 D-2　　　　　圖 D-1 的 Netlist

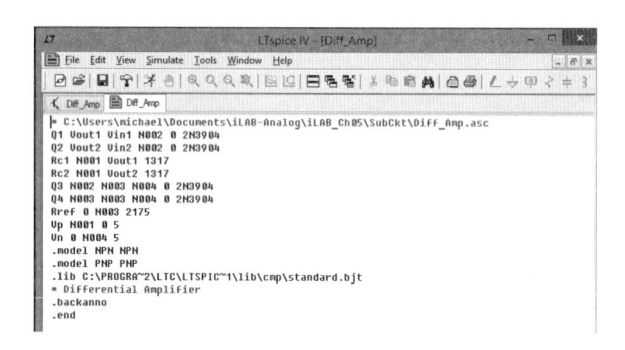

圖 D-3　　　　　源自圖 D-1 電路，可 Edit 的 Diff_Amp.asc 之 Netlist

2. 圖 D-4 檔案的最後一條線因為是 subckt，所以必須是 .ends。

圖 D-5 為電路中如何使用 subckt 的一個簡單的範例。不需畫電路圖，只須用 5 條指令：

第 1 條指令：要 program 包括 (.inc) MY_DIFF_AMP.CIR。

附錄 D　Subckt 的產生和應用　195

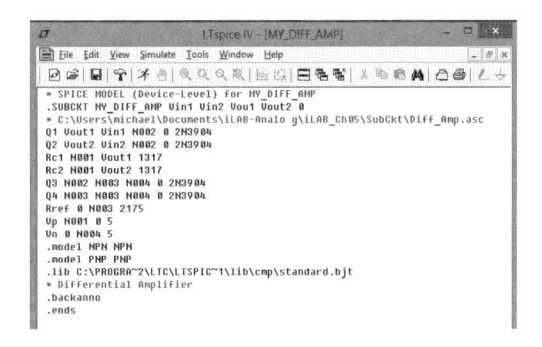

```
* SPICE MODEL (Device-Level) for MY_DIFF_AMP
.SUBCKT MY_DIFF_AMP Vin1 Vin2 Vout1 Vout2 0
* C:\Users\michael\Documents\iLAB-Analo g\iLAB_Ch05\SubCkt\Diff_Amp.asc
Q1 Vout1 Vin1 N002 0 2N3904
Q2 Vout2 Vin2 N002 0 2N3904
Rc1 N001 Vout1 1317
Rc2 N001 Vout2 1317
Q3 N002 N003 N004 0 2N3904
Q4 N003 N003 N004 0 2N3904
Rref 0 N003 2175
Vp N001 0 5
Vn 0 N004 5
.model NPN NPN
.model PNP PNP
.lib C:\PROGRA~2\LTC\LTSPIC~1\lib\cmp\standard.bjt
* Differential Amplifier
.backanno
.ends
```

圖 D-4　　　SUBCKT MY_DIFF_AMP 的結構與規則

第 2 條指令：X 代表使用 subckt，和電路 NODES 的名稱。0 代表接地。
第 3 條指令：在 NODE Vin1 和 GND 間接一個正弦波輸入訊號。
第 4 條指令：做 5 ms 的電路 Transient Analysis。
第 5 條指令：完成 Program，end。

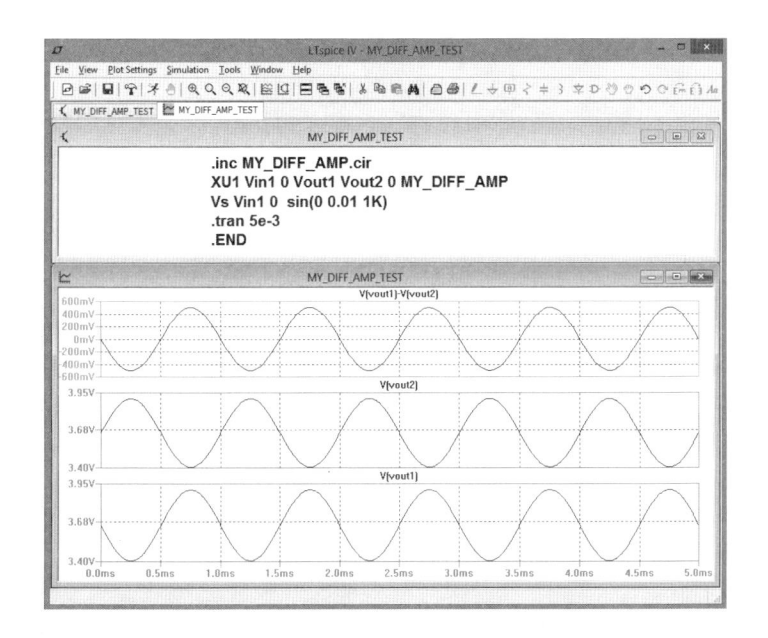

```
.inc MY_DIFF_AMP.cir
XU1 Vin1 0 Vout1 Vout2 0 MY_DIFF_AMP
Vs Vin1 0  sin(0 0.01 1K)
.tran 5e-3
.END
```

圖 D-5　　　使用 subckt 的電路組成和 Run 後的波形

附錄 E　數位訊號產生器和邏輯分析儀的設定

數位訊號產生器 (Digital Pattern Generator) 是用來產生數位訊號。**邏輯分析儀** (Logic Analyzer) 是用來觀測系統中數位訊號的儀器。對於 Analog Discovery 來講，它們的設定如下：

1. Digital Pattern Generator 的設定

   在 Digilent Waveform 視窗中選用 Digital 項目中的 **OUT**，如圖 E-1 所示。

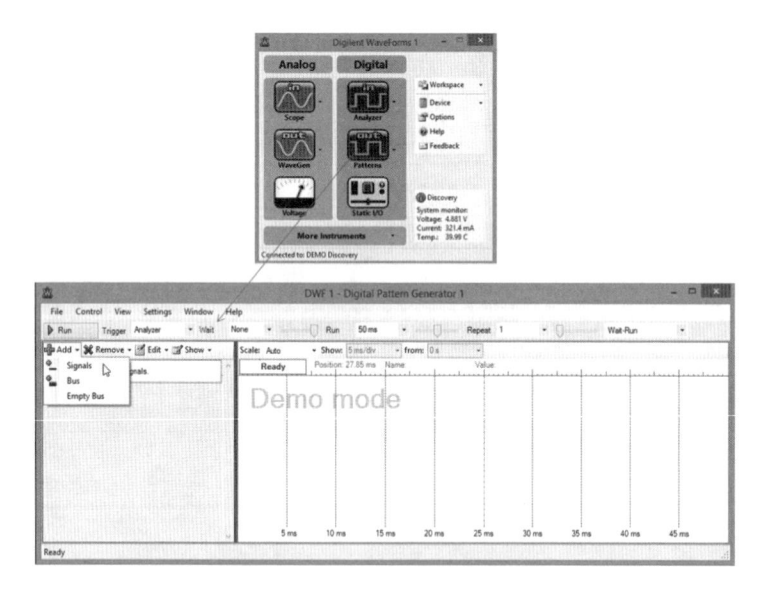

圖 E-1　在 Waveform 視窗中選用 Digital 項目中的 OUT

附錄 E　數位訊號產生器和邏輯分析儀的設定　197

　　然後再在 DW1 視窗的 +Add 選項中選用 Signals 或 Bus。如果是選用 DIO-0 為訊號，如圖 E-2 所示。訊號的選項有 Constant、Clock、Random 和 Custom 等四項。

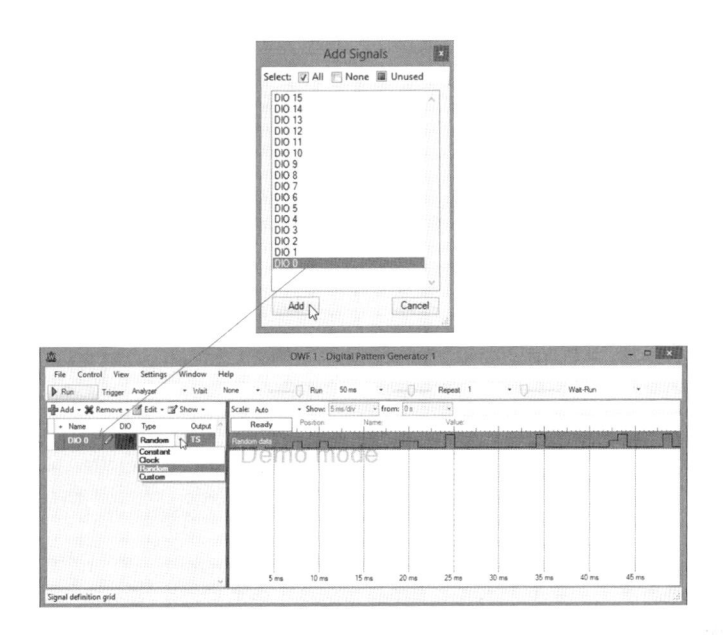

圖 E-2　訊號的選項有 Constant、Clock、Random 和 Custom 等四項

　　如果選用 Custom，在 Edit > Edit Parameters of "DO 0"，如圖 E-3 所示。

　　Edit Parameters of "DO 0" 的選項很多，如圖 E-4 所示，主要的有 Output 訊號的特性，靜止時的極性，Buffer 的大小，和頻率等。

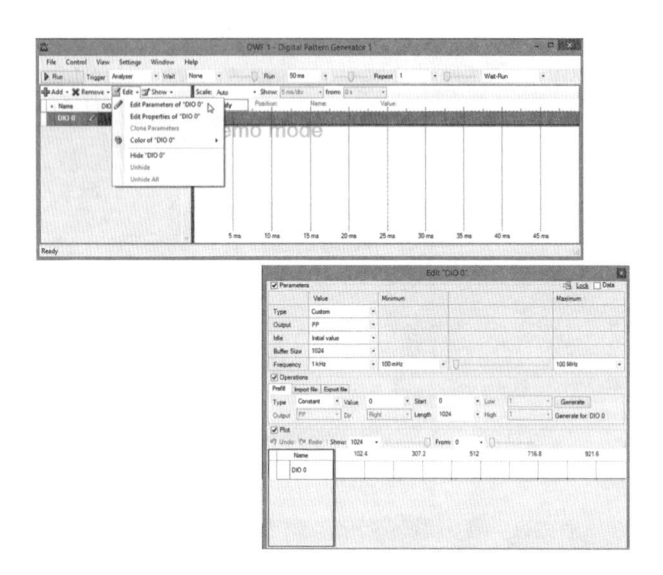

198　iLAB Analog 類比電路設計、模擬測試與硬體除錯

◎ 圖 E-3　如果選用 Custom，在 Edit > Edit Parameters of "DO 0"

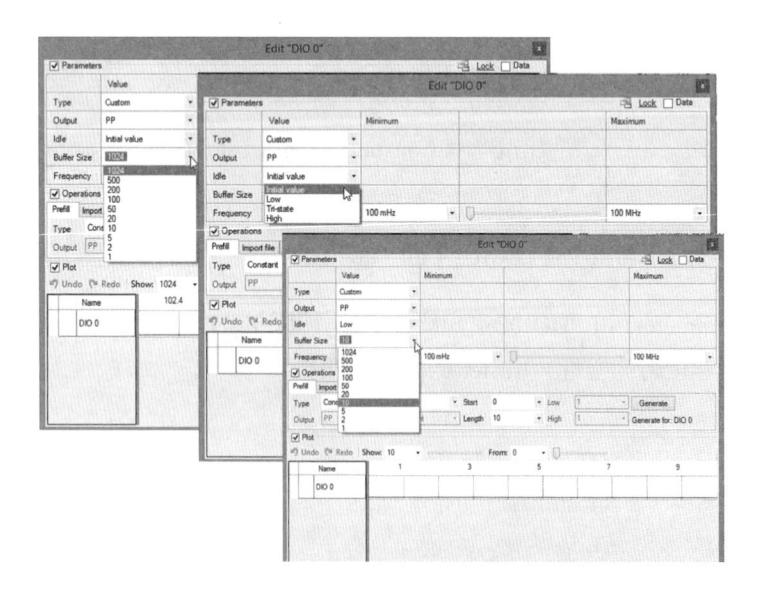

◎ 圖 E-4　DO 0 訊號的設定

附錄 E 數位訊號產生器和邏輯分析儀的設定 199

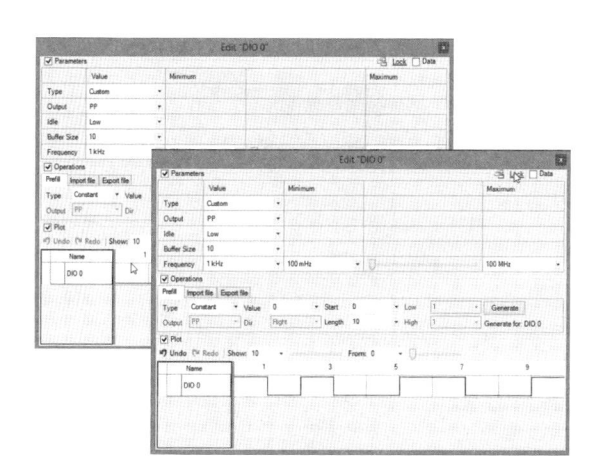

圖 E-5 是在 Buffer 的大小選定後，對 Buffer 的 Logic Pattern 的設定。

圖 E-5　Buffer 的 Logic Pattern 設定

最後設定好了的 DO 0 訊號便顯示在 DW1 Digital Pattern Generator 的視窗上，如圖 E-6 所示。

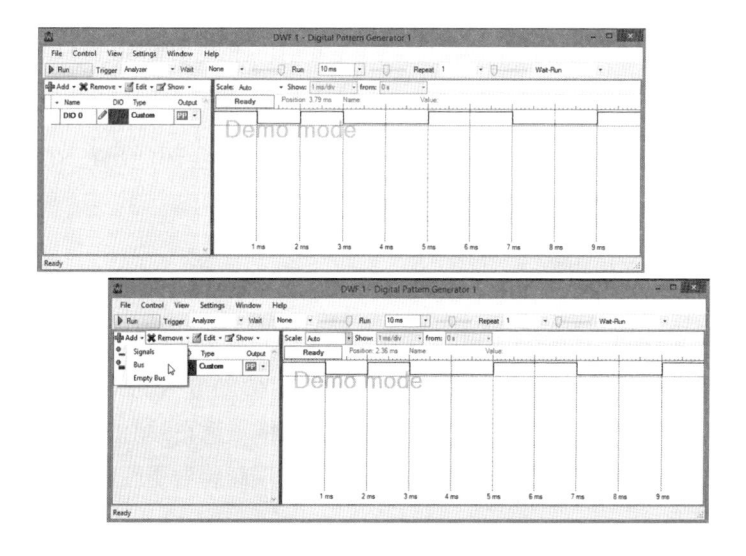

圖 E-6　Digital Pattern Generator 視窗上的 DO 0 訊號

圖 E-6 的下半部份也顯示了 +Add Bus 的選項，結果如圖 E-7 所示。這個例子裡選用了 DO 1~DO 4 作為 Bus 0，Bus 的選項為 Binary Counter。

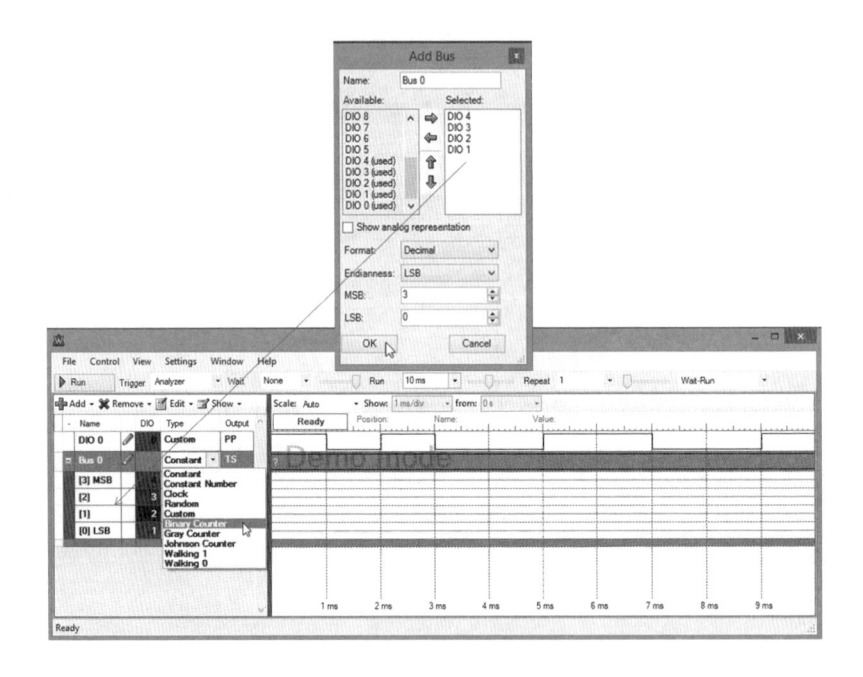

圖 E-7　　DO 1~DO 4 作為 Bus 0，Bus 的選項為 Binary Counter

結果 DO 0 和 DO 1 ~ DO 4 的 Bus 0 訊號便全部顯示在 Digital Pattern Generator 視窗上，如圖 E-8A 所示。

Signal 和 Bus 名稱的設定：

圖 E-8A 的信號 DIO 0，如果要更名為 IN_1，首先應右擊 DIO 0，如圖 E-8B 所示，再選用 "Edit Properties of DIO 0"。待 Edit "DIO 0" windows 出現時將 IN_1 填入 Name 項即可。同理如果要改變 BUS 0 的名稱，應右擊 BUS 0，再選用 "Edit Properties of BUS 0" 待 Edit "BUS 0" windows 出現時將要更改的名稱 "DATA" 填入 Name 項即可。

更改完成後的 Digital Pattern Generator 當如圖 E-8C 所示。

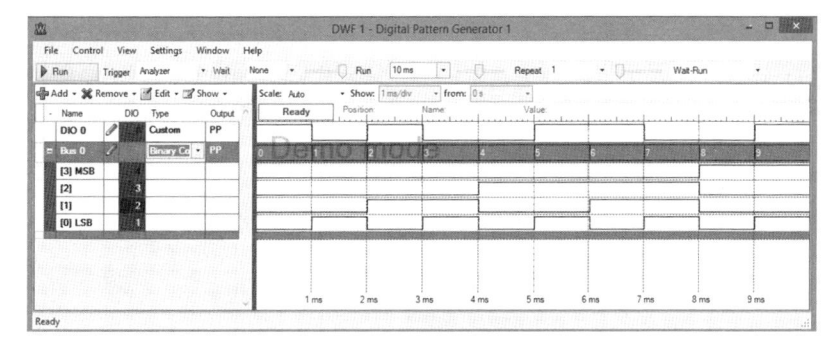

附錄 E　數位訊號產生器和邏輯分析儀的設定　**201**

(A) DO 0 和 Bus 0 訊號全部顯示在 Digital Pattern Generator 視窗上

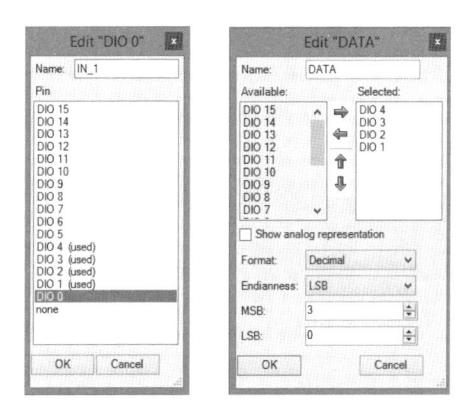

(B) Signal 和 Bus 名稱的更改

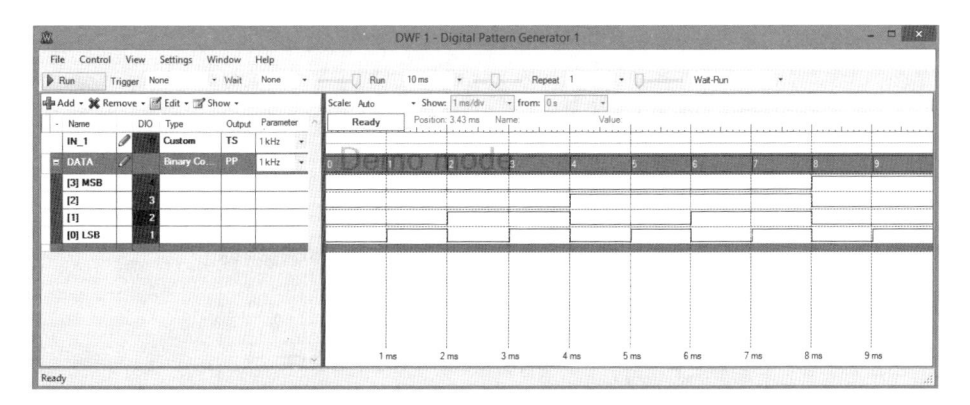

(C) Signal 和 Bus 名稱更改完成後的 Digital Pattern Generator

圖 E-8　DO 0 和 Bus 0 訊號

2. Logic Analyzer 的設定

Logic Analyzer 是用來觀測系統中數位訊號的儀器。所以它只須把所要觀測的訊號，無論是 DO 或 DI 拉過來擺在一起觀測便可，沒有像 Logic Pattern Generator 那麼多的設定。圖 E-9 便是它從 Waveform 1 Digital 項目中選用 IN，顯示的 Logic Analyzer。接著同樣地是 +Add 選用 **Signal** 或 **Bus**。

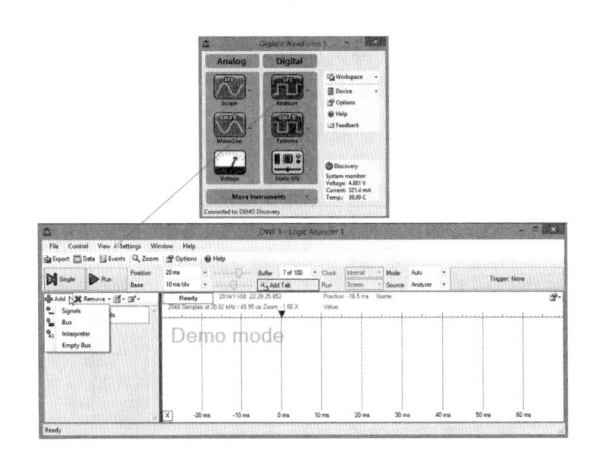

圖 E-9　從 Waveform 1 的 Digital 項目中選用 IN 便進入 Logic Analyzer

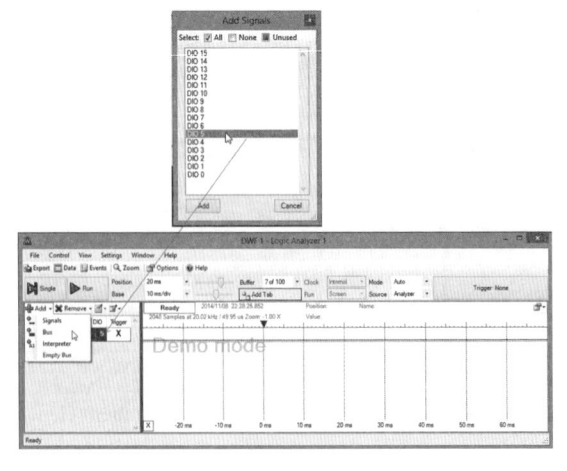

圖 E-10 為選用 DIO 5 做輸入到 Logic Analyzer 被觀測的 **Signal**。

圖 E-10　選用 DIO 5 做輸入的訊號

附錄 E　數位訊號產生器和邏輯分析儀的設定　203

圖 E-11 為選用 DIO 6～DIO 9 做輸入到 Logic Analyzer 被觀測的 Bus。

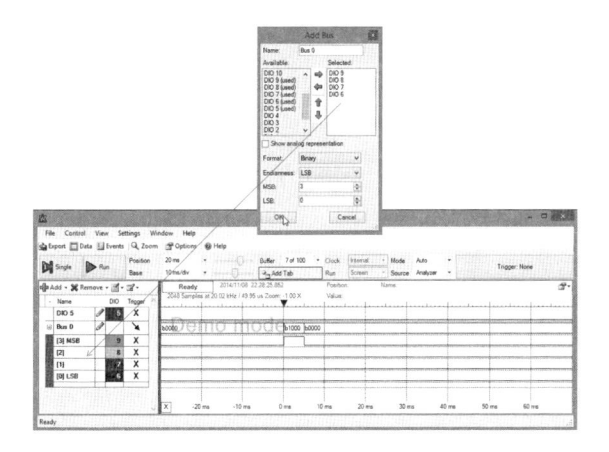

圖 E-11　選用 DIO 6～DIO 9 做輸入到 Logic Analyzer 被觀測的 Bus

附錄 F　LM565 PLL 的設定

鎖相環積體電路 (Phase Locked Loop IC) 是數位電路不可缺少的一種。也是數位和線性雙重的混合產物。LM565 可用於 500 KHz 以下的電路，它的組成如圖 F-1 所示。

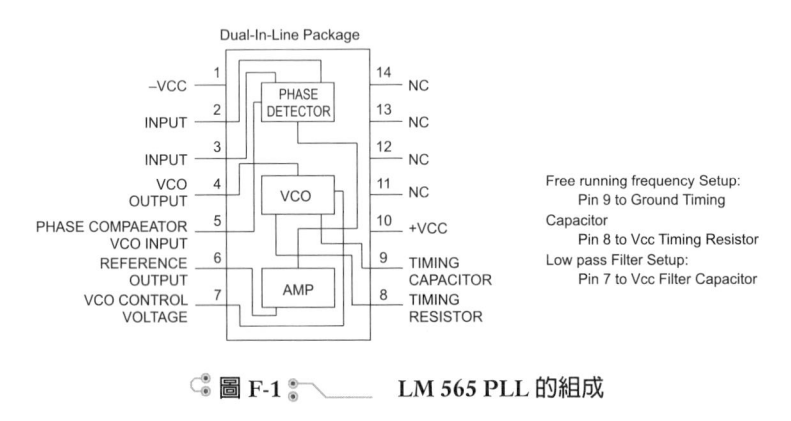

◎ 圖 F-1　LM 565 PLL 的組成

電路的使用連線，和必要的 RC 附件，如圖 F-2 所示。

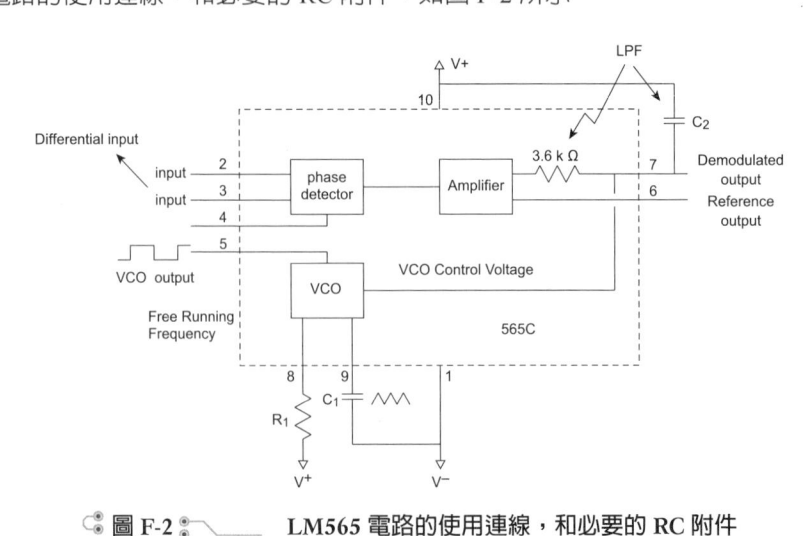

◎ 圖 F-2　LM565 電路的使用連線，和必要的 RC 附件

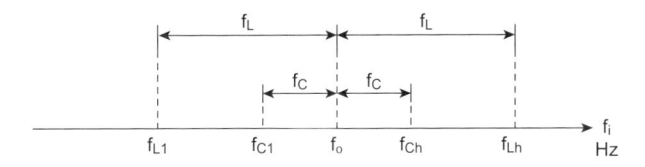

它的 free-running frequency、lock range 和 capture range 和所採用的電阻 R、電容 C 之間的關係，如圖 F-3 所例公式所示。

The VOC free-running frequency, f_o

$$f_o \approx \frac{0.3}{R_1 C_1} \quad (1)$$

The hold-in, tracking, or lock range, f_H

$$f_H \approx \frac{\pm 8 f_o}{(V^+ + |V^-|)} \quad (2)$$

The capture, pull-in, or acquisition range, f_C

$$f_C \approx \pm \sqrt{f_H \cdot f_{lpf}} \quad (3)$$

where, f_{lpf}, is the 3 dB frequency of the lowpass filter section.

圖 F-3 free-running、lock range 和 capture range 與 RC 的關係

依據以上三個公式可以用 C/C++ Program 來計算，如圖 F-4 所示。結果對零件的選擇和採用有很多的幫助。注意 R1 之電阻值，應在 2 k～20 k 之間。

圖 F-5 是對於 free-running frequency 為 100 KHz 時，C1 為 500 pF，V_{cc} 為 10 V，C2 為 0.1 μF 時。所獲得應有的 R1 值和電路可能有的頻率 lock range 和 capture range。

```cpp
/* PLL Setup */
#include <iostream>
#include <cstdlib>
#include <math.h>
#include <iomanip>
using namespace std;

int main (int argc, char *argv[])
{
    float fo, fn, R1, R2=3600, C1, C2, Vc, f_lock_range, fc;

    cout << "step 1: Please input the Expected free_run_freq fo in Hz." << endl;
    cin >>fo;
    cout << "step 2: Please input the value pn9 to gnd Capacitor C1 in Farad." << endl;
    cin >> C1;
    R1 = 0.3/(C1*fo);
    cout << "step 3: Please input the value total Voltage Vp+Vn=Vc" << endl;
    cin >> Vc;
    cout << "step 3: Please input the value C2" << endl;
    cin >> C2;
    f_lock_range = ( 8*fo)/Vc;
    fc = sqrt(f_lock_range*(1/(6.28*R2*C2)));
    cout << "the value of Timing Resistor R1 is equal to : " << R1<< endl;
    cout << "the value of Lock Range is equal to : " << f_lock_range << endl;
    cout << "the value of Capture Range is equal to : " << fc << endl;

    system("pause");
    return 0;
}
```

圖 F-4　　用 C/C++ Program 來計算和選擇所需的 RC 附件

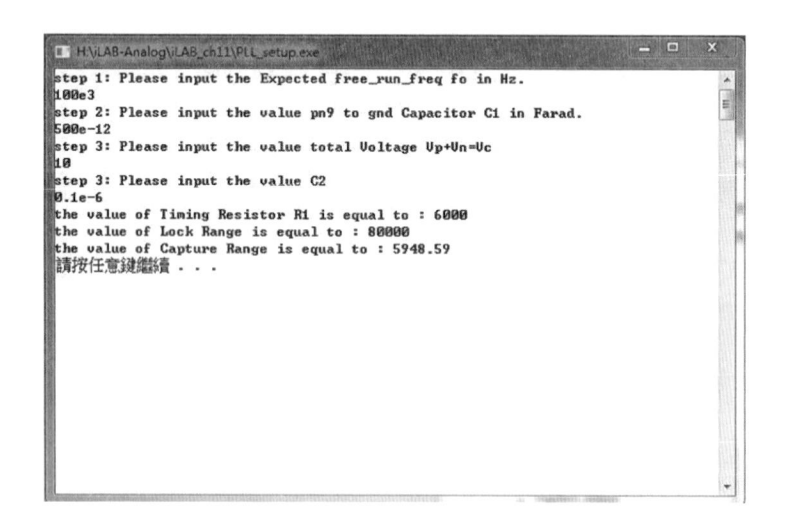

```
step 1: Please input the Expected free_run_freq fo in Hz.
100e3
step 2: Please input the value pn9 to gnd Capacitor C1 in Farad.
500e-12
step 3: Please input the value total Voltage Vp+Vn=Vc
10
step 3: Please input the value C2
0.1e-6
the value of Timing Resistor R1 is equal to : 6000
the value of Lock Range is equal to : 80000
the value of Capture Range is equal to : 5948.59
請按任意鍵繼續 . . .
```

圖 F-5　　C/C++Program 輸入和輸出的結果

附錄 G　AD1 和 AD2 用於類比電路的測試

AD1 和 AD2 外觀雖不同，I/O 接線卻完全相同。如圖 G-1 所示。

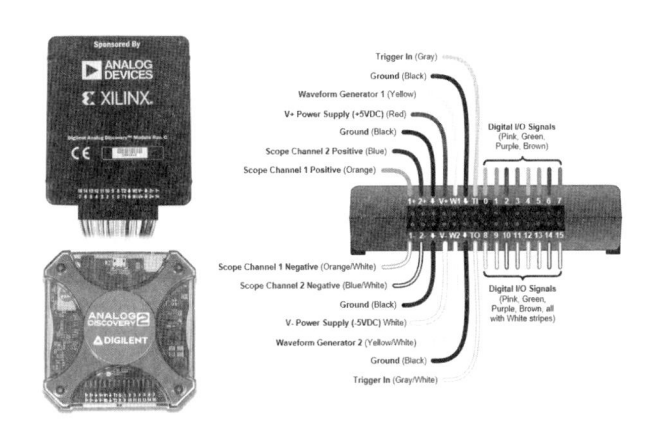

圖 G-1　AD1 和 AD2 外觀與接線

　　軟體方面如果使用的是 Waveforms V2.9.4 之前的版本只能用於 AD1。V3.5.4 之後的版本可用於 AD2 和 AD1，由於 AD2 的電壓源為軟體可調整式，AD1 的電壓源為 +5V 和 −5V 固定式，使用前要注意。

　　Waveforms 軟體能夠離線設定，這對 AD1 或 AD2 來講，可以減少接錯而引起的損壞。讓我們利用 AD1_OPA 測試電路，如圖 G-2 來做一個例子。

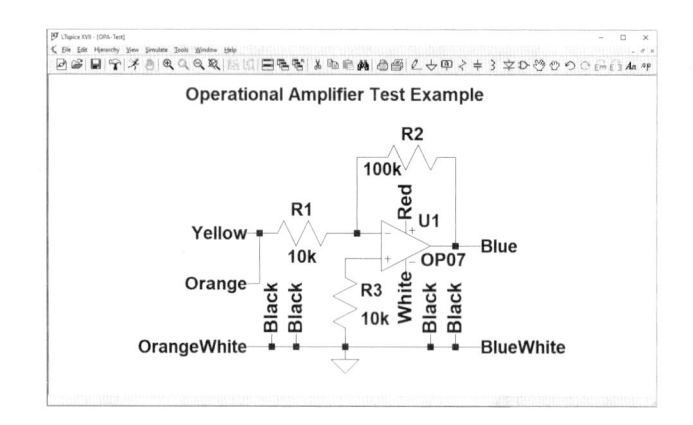

208　iLAB Analog　類比電路設計、模擬測試與硬體除錯

圖 G-2　Waveforms 對 AD1_OPA_Test 電路的設定

單擊 Waveform1 icon，對圖 G-3 中的 OK，選用 DEMO Analog Discovery 並點選 Select，進入離線設定模式。

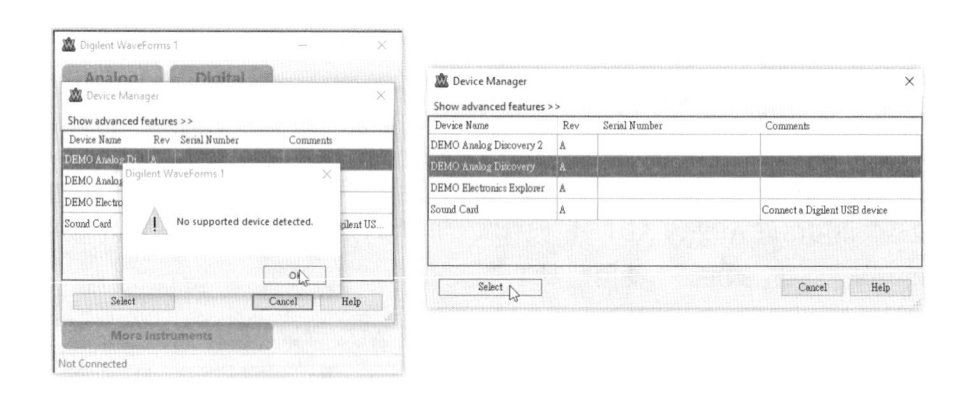

圖 G-3　點選 OK 和 Select 以進入離線設定模式

附錄 G　AD1 和 AD2 用於類比電路的測試　209

從 Analog 的 out 選用二個中的一個 Single ended 的波形產生器，如圖 G-4 所示。

圖 G-4　Single ended 波形產生器的選用

從 Analog 的 in 選用二個**差動式輸入** (Differential in) 的示波器，如圖 G-5 所示。

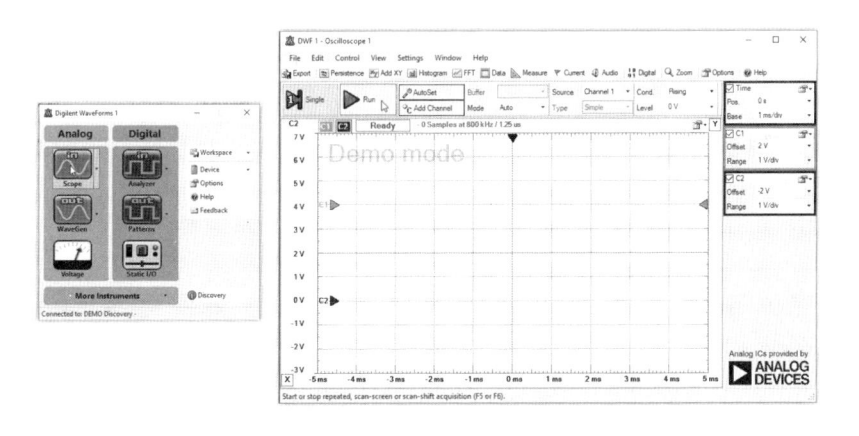

圖 G-5　二個差動式輸入示波器的選用

從**更多儀器** (More Instruments) 的項目中選用 Network Analyzer，作為交流測試之用，如圖 G-6 所示。

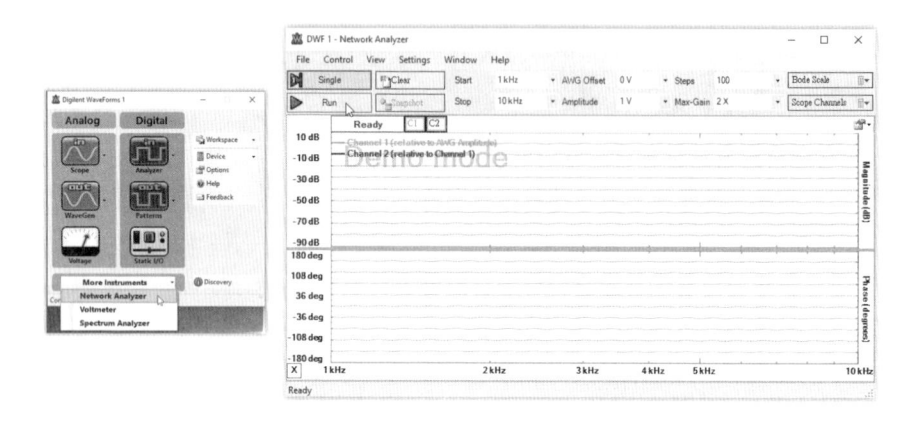

圖 G-6　Network Analyzer 的選用

從更多儀器的項目中選 **Spectrum Analyzer**，作為頻譜測試之用，如圖 G-7 所示。

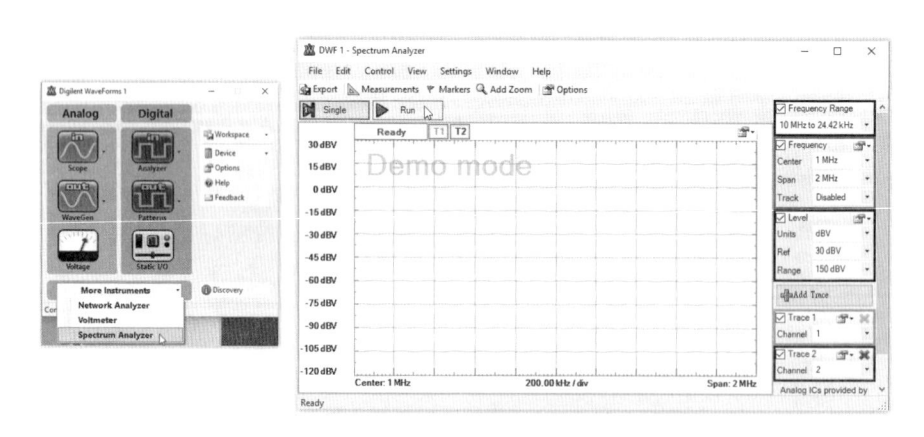

圖 G-7　頻譜測試儀的選用

附錄 G　AD1 和 AD2 用於類比電路的測試

從 Analog 的 Voltage 選用二個 Single ended 的電壓源，AD1 的二電壓源是固定的 +5V 和 –5V，可以個別開或關，如圖 G-8 所示。

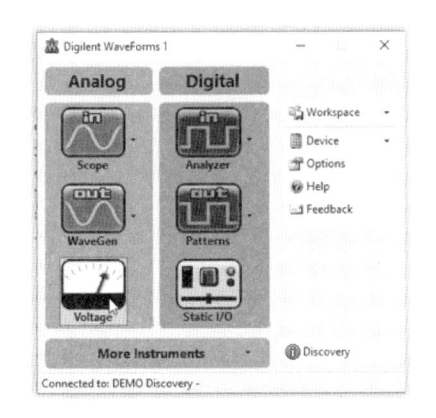

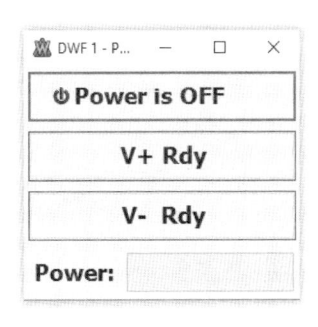

圖 G-8　+5V 和 –5V 電壓源的選用

離線設定完畢後，就可以將 AD1 按照圖 G-2 連線到麵包板的零件上，這時候圖形上的 Demo 字體會自動消失。

測試 AD1_OPA 首先要設定 AWG1 的頻率與其振幅。然後如圖 G-9 開啓示波器，設定示波器在水平軸每一小格的**時間數** (Time) 和 C1，C2 頻道在垂直軸每一小格的**電壓值** (Voltage)。這時就應開啓正負 5V 電源，在正常情況下當顯示圖 G-9 的波形。

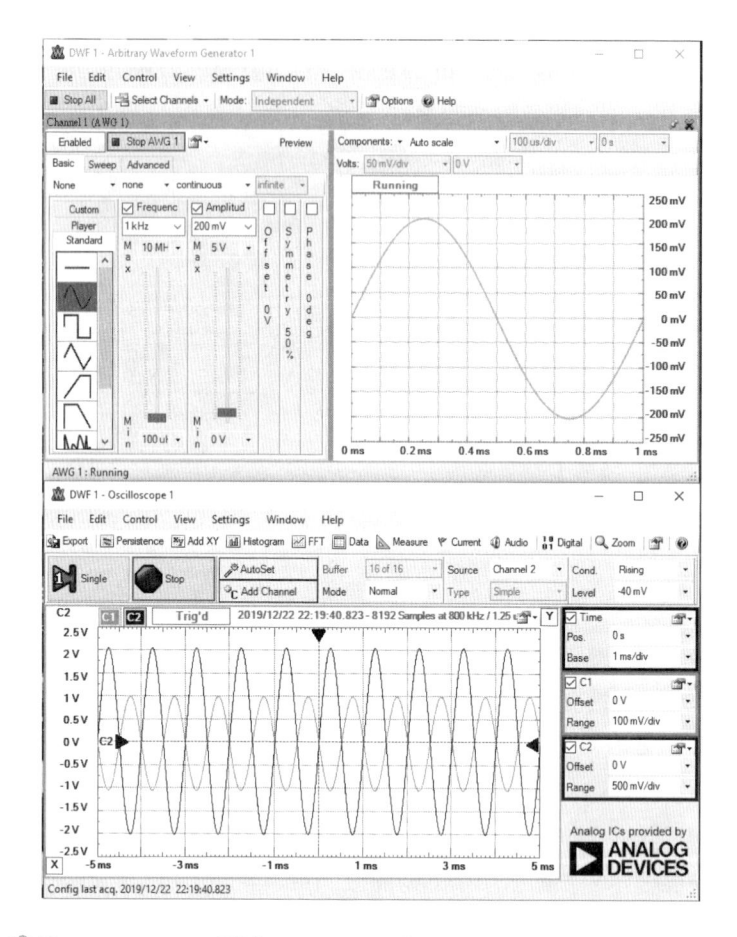

圖 G-9　　　測試 AD1_OPA 時 AWG1 和示波器 C1,C2 的設定

　　Network Analyzer 是對 AD1_OPA 電路來做 AC test，如圖 G-10 所示。它的主要設定是 Start 和 Stop 的頻率，放大器的輸入和輸出的電壓，每一 10 進位的測試點數目等。在正常情況下當顯示圖 G-10 的波形。

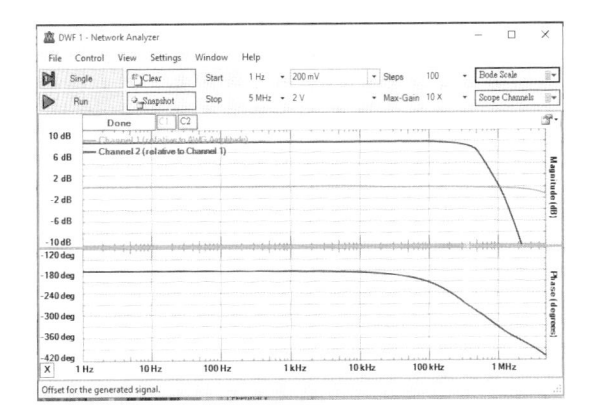

附錄 G　AD1 和 AD2 用於類比電路的測試　213

圖 G-10　　　AD1_OPA 電路 AC test 時之設定

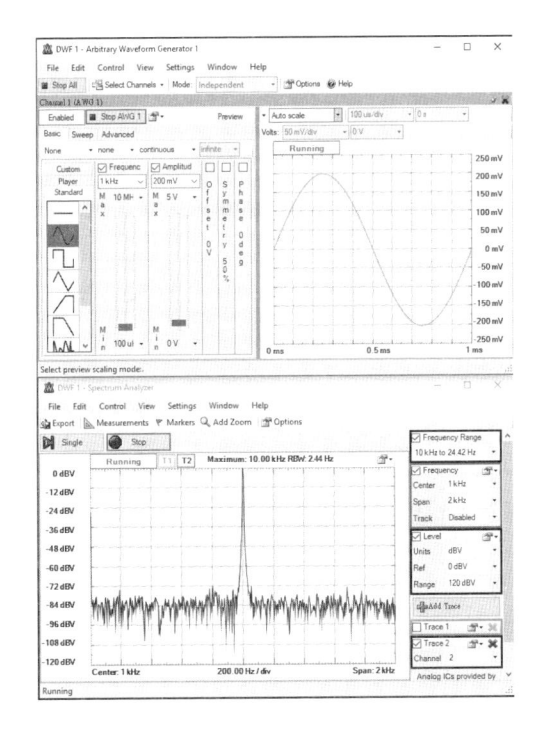

圖 G-11　　　AD1_OPA 電路 FFT 測試時之設定

Spectrum Analyzer 是對 AD1_OPA 電路來做 FFT 測試，如圖 G-11 所示。它必須在 AWG1 動態下，來做測試。它的設定為頻率的範圍，頻率的中心和翼展，還有 FFT 的強度等。

Waveforms V3.5.4 及以後的 Waveforms 軟體為針對 AD2 而設計，同時也兼容 AD1，其最大的不同點為將 AD1 的固定 +5V 和 –5V 電壓改成可以從 +500mV ～ +5V 和 –500mV ～ –5V，每一個**階層** (Step) 的電壓變化為 100 mV。圖形的顯示方面也做了改變，把原來的獨立型加多了可以選擇的集體型。我們將選用這個新的集體型來做一個示範。

單擊 Waveform icon，對圖 G-12 選用 DEMO Analog Discovery 並點選 Select，進入離線設定模式。

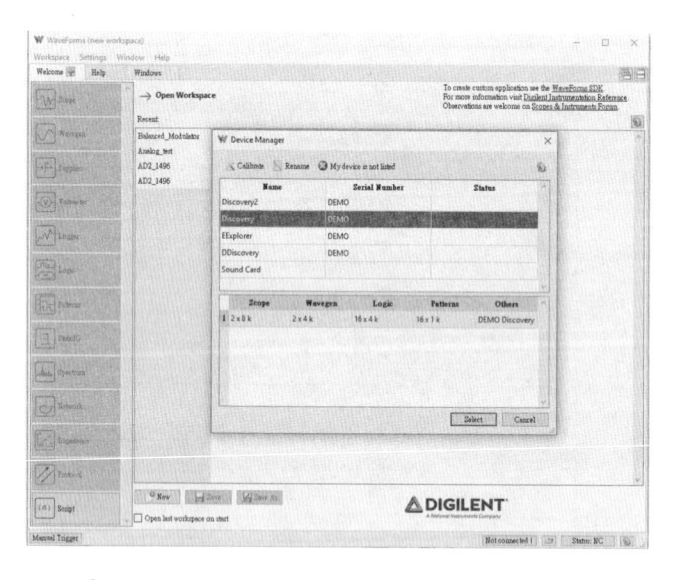

圖 G-12 選用 Discovery 並點選 Select

在 Setting 中選 **Options**，**Instrument windows** 上選 **Docking**，並點選 **OK**。如圖 G-13 所示，圖形顯示進入集體型。

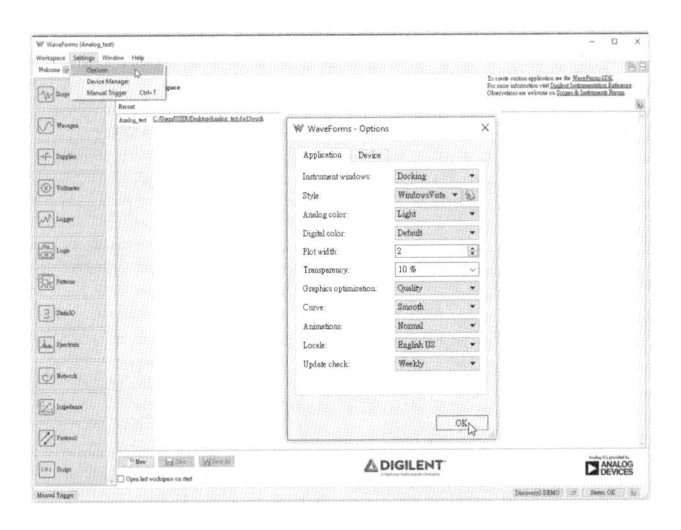

圖 G-13　集體型視窗的設定

Wavegens 波形產生器的選用，如圖 G-14 所示。

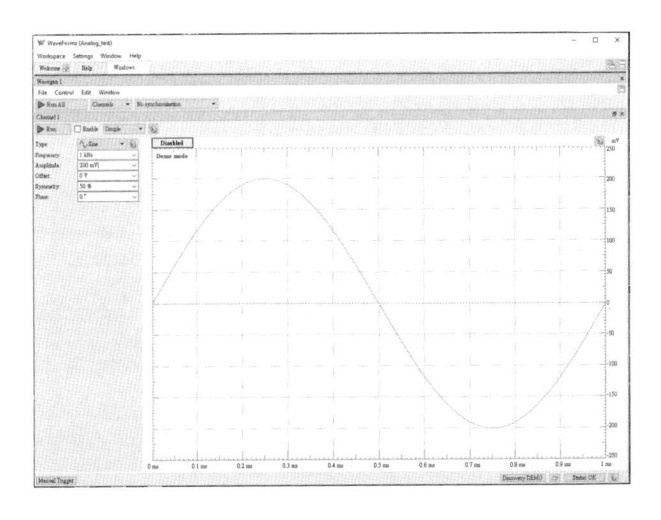

圖 G-14　Wavegens 波形產生器的選用

Scope 示波器的選用，軟體的 Docking 自動將它安排到 Wavegen 的上方，如圖 G-15 所示。

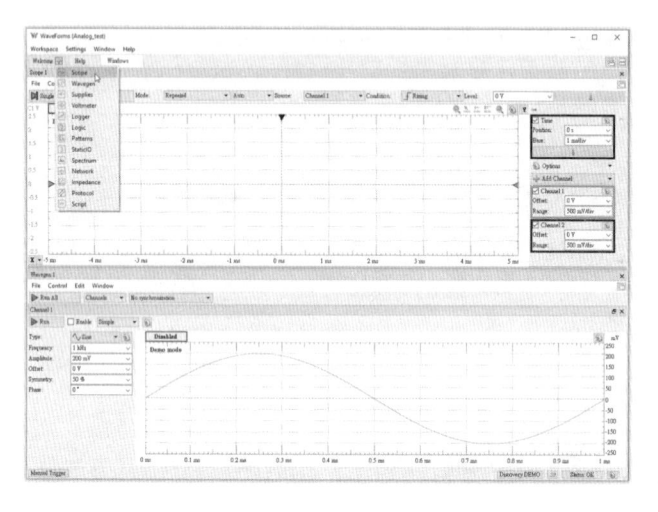

圖 G-15　Scope 示波器的選用

Discovery 的 Supplies 選用，電壓源為固定的正負 5V，軟體的 Docking 自動將它安排到 Wavegen 的右方如圖 G-16 所示。

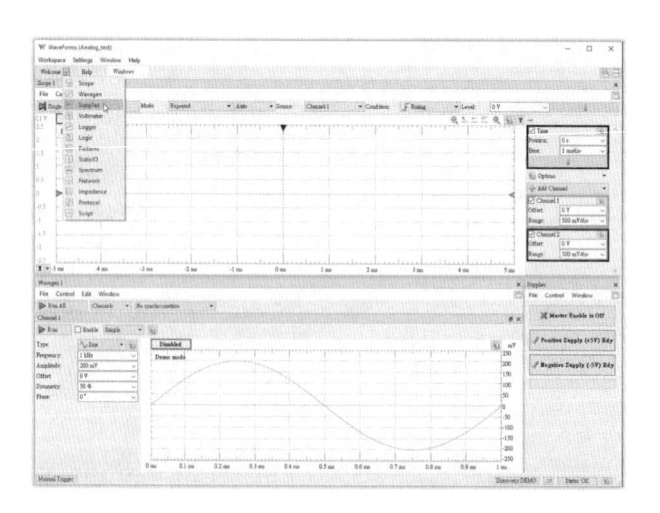

圖 G-16　Supplies 電壓源的選用

附錄 G　AD1 和 AD2 用於類比電路的測試　217

　　Network Analyzer 的選用，軟體的 Docking 自動將它安排到 Wavegen 的上面，同時將 Scope 放到 Network 的左後方。如圖 G-17 所示。

圖 G-17　Network Analyzer 的選用

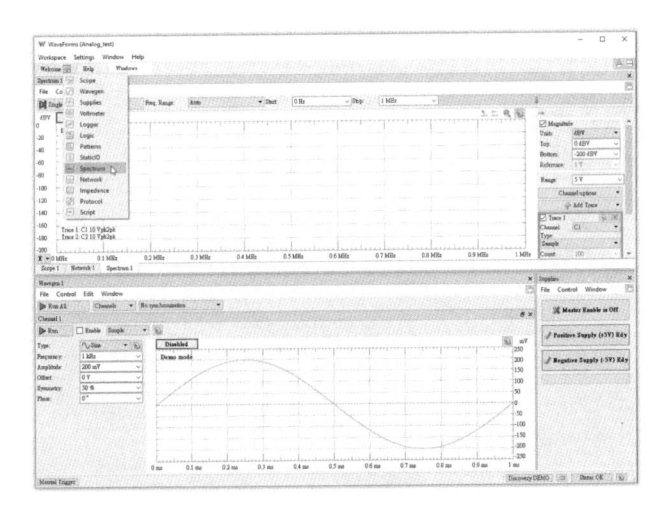

圖 G-18　Spectrum Analyzer 的選用

Spectrum Analyzer 的選用，軟體的 Docking 自動將它安排到 Wavegen 的上面，同時將 Scope 和 Network 放到 Spectrum 的左後方，如圖 G-18 所示。

完成離線設定後，可以將所有的設定儲存到你所指定的 Workspace 檔案夾內。如圖 G-19 所示，以方便未來測試之用。

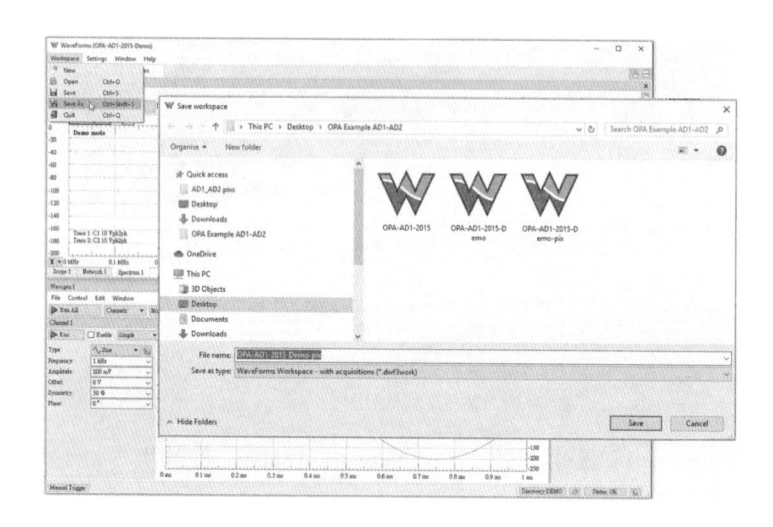

圖 G-19　將測試的設定儲存到 Workspace

測試 AD1_OPA 首先要設定 AWG1 的頻率與其振幅。然後如圖 G-9 開啟示波器，設定示波器在水平軸每一小格的時間數 (Time) 和 C1、C2 頻道在垂直軸每一小格的**電壓值** (Voltage)。這時就應開啟正負 5V 電源，在正常情況下當顯示圖 G-20 的波形。

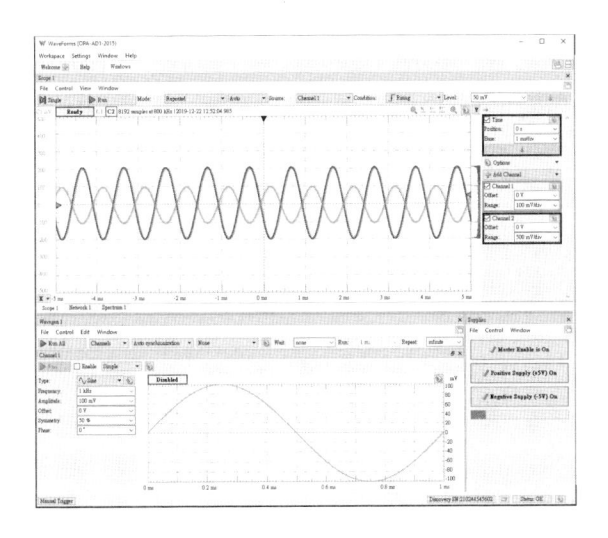

附錄 G　AD1 和 AD2 用於類比電路的測試　219

◦ 圖 G-20 ◦　　AD1_OPA 放大器波形和增益的測試

Network Analyzer 是對 AD1_OPA 電路來做 AC test，如圖 G-21 所示。它的主要設定是 Start 和 Stop 的頻率，放大器的輸入和輸出之電壓，每一 10 進的測試點數等。在正常情況下當顯示圖 G-21 的波形。

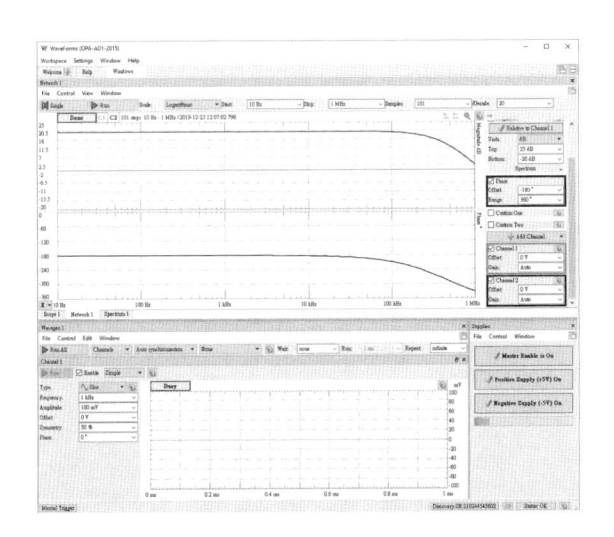

◦ 圖 G-21 ◦　　AD1_OPA 電路的 AC test 測試

Spectrum Analyzer 是對 AD1_OPA 電路來做 FFT 測試，如圖 G-22 所示。它必須在 AWG1 動態下，來做測試。它的設定為頻率的範圍，頻率的中心和翼展，還有 FFT 的強度等。

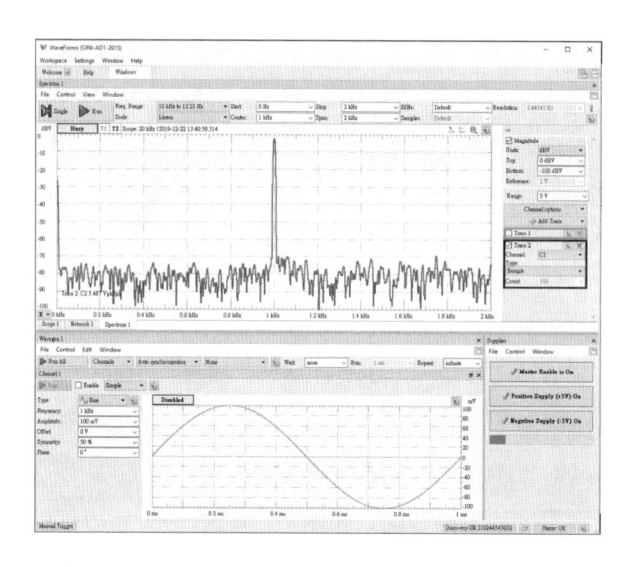

圖 G-22　AD1_OPA 電路的 FFT 測試

索引

中英對照

三劃

下降時間　Fall Time　93

五劃

正交　Quadrature　101
正交振盪器　Quadrature Oscillator　107
永磁型　Permanent Magnets　174

六劃

交流分析　AC Analysis　10, 28, 40, 79
光敏電阻　Light Dependent Resistor, LDR　171
光傳感器　Light Sensors　169
光電二極體　Photo Diode　170
光電電晶體　Photo Transistor　170
光導電單體　Photo Conductive Cell　171
共模　Common Mode　78
自發光單體　Photo-Emissive Cell　170

七劃

伺服馬達　Servo Motor　175
步進馬達　Stepper Motor　177

八劃

波形的分析　FFT Analysis　7, 26, 40, 78

直流工作點測試　DC Operating Point Test　5, 24, 38, 75
直線型可變差動變換器　Linear Variable Differential Transformer　165
阻抗縮放　Impedance Scaling　124
非碳刷　Brushless　175

九劃

紅外輻射調速器光電傳感器模塊　Infrared Radiation Velometer Photoelectric Sensor Module　173
計數器　Counter　140, 160
音頻振盪器　Oscillator　101

十劃

振盪　Oscllation　86
時鐘　Clock　155
時間數　Time　211
缺口　Notch　115, 120
起昇時間　Rise Time　93
高傳真度　Hi-Fi　178
差動式輸入　Differential in　209

十一劃

動圈式麥克風　Dynamic Moving-coil Microphone Sound Transducer　172

動圈式揚聲器　Moving Coil Loudspeaker		178
執行器　Actuators		174
推挽式　Push-Pull		35
混合器　Mixer		125

十二劃

單一太陽電池　Single Solar Cell		170
插入損耗　Insertion Loss		130
無源　Passive		169
無線電波阻流器　Radio Frequency Choke, RFC		126
絕對位置編碼器　Absolute Position Encoder		167
開路　Open Circuit	50, 51, 52, 54, 55	

十三劃

傳感器　Sensors		165
運作頻率　Operating Frequency		163
電位器　Potentiometer		165
電阻溫度探測器　Resistive Temperature Detector, RTD		168
電感式接近傳感器　Inductive Proximity Sensor		166
電壓值　Voltage		211, 217

十四劃

碳刷　Brushed		175

十五劃

數位訊號產生器　Digital Pattern Generator　196
數位模式產生器　Pattern Generator　147
模型庫　Model Library　189
熱敏電阻　Thermister　168
熱電偶　Thermocouple　169
緩衝器　Buffer　35
調頻　FM　158
黎氏圖形　Lissajous Figure　111

十六劃

頻拒　Notch		120
頻寬　Band Width		88

十七劃

瞬態　Transient		6, 25, 38

十八劃

轉子　Rotor		175
鎖相環積體電路　Phase Locked Loop IC		204
雙金屬溫控器　The Bi-metallic Thermostat		168

二十劃

麵包板　Breadboard　12, 30, 42, 66, 94, 109, 133, 148, 160

二十三劃

邏輯分析儀　Logic Analyzer		196

英中對照

A

Absolute Position Encoder　絕對位置
　　編碼器　　　　　　　　　　　　167
AC Analysis　交流分析　　10, 28, 40, 79
Actuators　執行器　　　　　　　　174

B

Band Width　頻寬　　　　　　　　88
Breadboard　麵包板　12, 30, 42, 66, 94,
　　109, 133, 148, 160
Brushed　碳刷　　　　　　　　　175
Brushless　非碳刷　　　　　　　　175
Buffer　緩衝器　　　　　　　　　35

C

Clock　時鐘　　　　　　　　　　155
Common Mode　共模　　　　　　78
Counter　計數器　　　　　140, 160

D

DC Operating Point Test　直流工作點
　　測試　　　　　　　5, 24, 38, 75
Differential in　差動式輸入　　　209
Digital Pattern Generator　數位訊號產
　　生器　　　　　　　　　　　196
Dynamic Moving-coil Microphone
　　Sound Transducer　動圈式麥克風　172

F

Fall Time　下降時間　　　　　　　93
FFT Analysis　波形的分析　7, 26, 40, 78
FM　調頻　　　　　　　　　　　158

H

Hi-Fi　高傳真度　　　　　　　　178

I

Impedance Scaling　阻抗縮放　　　124
Inductive Proximity Sensor　電感式接
　　近傳感器　　　　　　　　　166
Infrared Radiation Velometer Photoelectric
　　Sensor Module　紅外輻射調速器光電傳
　　感器模塊　　　　　　　　　173
Insertion Loss　插入損耗　　　　130

L

Light Dependent Resistor, LDR　光敏
　　電阻　　　　　　　　　　　171
Light Sensors　光傳感器　　　　169
Linear Variable Differential Trans-
　　former　直線型可變差動變換器　165
Lissajous figure　黎氏圖形　　　111
Logic Analyzer　邏輯分析儀　　196

M

Mixer　混合器　　　　　　　　125

Model Library　模型庫　　　　　　　189
Moving Coil Loudspeaker　動圈式揚聲
　　器　　　　　　　　　　　　　178

N

Notch　頻拒，缺口　　　　　115, 120

O

Open Circuit　開路　　50, 51, 52, 54, 55
Operating Frequency　運作頻率　　163
Oscillator　音頻振盪器　　　　　　101
Oscllation　振盪　　　　　　　　　 86

P

Passive　無源　　　　　　　　　　169
Pattern Generator　數位模式產生器　147
Permanent Magnets　永磁型　　　　174
Phase Locked Loop IC　鎖相環積體電
　　路　　　　　　　　　　　　　204
Photo Conductive Cell　光導電單體　171
Photo Diode　光電二極體　　　　　170
Photo Transistor　光電電晶體　　　170
Photo-Emissive Cell　自發光單體　　170
Potentiometer　電位器　　　　　　165
Push-Pull　推挽式　　　　　　　　 35

Q

Quadrature　正交　　　　　　　　101
Quadrature Oscillator　正交振盪器　107

R

Radio Frequency Choke, RFC　無線電
　　波阻流器　　　　　　　　　　126
Resistive Temperature Detector, RTD
　　電阻溫度探測器　　　　　　　168
Rise Time　起昇時間　　　　　　　 93
Rotor　轉子　　　　　　　　　　 175

S

Sensors　傳感器　　　　　　　　　165
Servo Motor　伺服馬達　　　　　　175
Single Solar Cell　單一太陽電池　　170
Stepper Motor　步進馬達　　　　　177

T

The Bi-metallic Thermostat　雙金屬溫
　　控器　　　　　　　　　　　　168
Thermister　熱敏電阻　　　　　　 168
Thermocouple　熱電偶　　　　　　169
Time　時間數　　　　　　　　　　211
Transient　瞬態　　　　　　 6, 25, 38

V

Voltage　電壓值　　　　　　 211, 217